人生有梦不觉寒

宋 华／著

中华工商联合出版社

图书在版编目(CIP)数据

人生有梦不觉寒 / 宋华著. -- 北京：中华工商联合出版社，2017.7（2023.6重印）

ISBN 978-7-5158-2042-2

Ⅰ.①人… Ⅱ.①宋… Ⅲ.①人生哲学－通俗读物

Ⅳ.①B821-49

中国版本图书馆CIP数据核字（2017）第153657号

人生有梦不觉寒

作　　者	宋　华
策划编辑	胡小英
责任编辑	邵桃炜　李　健
封面设计	周　源
责任审读	李　征
责任印制	迈致红
出版发行	中华工商联合出版社有限责任公司
印　　刷	三河市燕春印务有限公司
版　　次	2017年7月第1版
印　　次	2023年6月第3次印刷
开　　本	710mm×1020mm　1/16
字　　数	180千字
印　　张	13.5
书　　号	ISBN 978-7-5158-2042-2
定　　价	36.80元

服务热线：010-58301130
销售热线：010-58302813
地址邮编：北京市西城区西环广场A座
　　　　　19-20层，100044
http://www.chgslcbs.cn
E-mail: cicap1202@sina.com(营销中心)
E-mail: gslzbs@sina.com(总编室)

工商联版图书

凡本社图书出现印装质量问题，请与印务部联系。

联系电话：010-58302915

前言
‥‥‥

　　人生在世，总是面临着各种问题的困扰。在当今社会中，人们学习、工作、生活的压力在加大、节奏在加快，人们的心理承受能力却越来越脆弱。诸多复杂的人际关系、管理事务、善恶之事，让现代人迷失了做人的本性，很多人就像迷途的羔羊，不知如何面对尘世纷争，而难免怨天尤人。这也让释然想不明白，世人拥有那么多，为何还总是不快乐？为何还总是想求助于佛祖呢？……实际上，生活中的痛苦不是神的安排，而是人们自我的愚昧造成的；生命中的幸福也不是神的恩赐，而是自己的智慧创造的。痛苦由烦恼产生，烦恼由执念产生，执念由愚昧产生。

　　如果人们都用自己的认知去评论世事，那事事都将变得不完美；如果人们都用自我的心胸去度人，那人人都存在不足。我们的眼睛就是一把尺子，在测度别人前，要先检查好自己；我们的心胸就是一杆秤，在衡断别人前，要先称量自己。

　　有人总以为佛祖掌握着真理，只有进庙烧香才能求得做人的方向。事实上，生活中到处充满着禅意。所谓"神通及妙用，运水与搬柴"，只要全身心地投入，随时都可以领悟、到处都可以实证。只是人们太多自以为是或者故步自封，因而忽略或意识不到自己本身具有的精致体验，这就是"百姓日用而不知"。

一个人如果能在现实工作与生活中运用禅心对待万事万物的方法，就能解除生活中存在的各种困惑、烦恼和心理障碍，使得人际关系更和谐，家庭更和睦，工作更顺畅，事业更成功；同时，精神更充实，道德更圆满，心灵更纯洁。

释然也曾和大多数人一样，认为禅机是玄妙的东西，但他渐渐发现，只要拥有一颗禅心，看待事物的眼光就会充满智慧。

主要人物简介

释然： 一个刚年满18岁的和尚，他勤奋、努力，对世间万物都常怀一颗善心，基本属于愚钝木讷的简单之人，但偶尔也会显现充满孩子气的小心眼。十年前，师父在街头发现了孤苦无依的他，并把他这个无人收养的孩子接回龙泉寺中。光阴荏苒，释然逐渐长大成人。在他面前，佛法的高深之处正依次展开，而相应的烦恼也随之袭来。释然正在学着如何修行自我，学着如何成长为像师父一样的高僧大德。

妙空： 龙泉寺方丈，释然的入教恩师，全体师兄弟心目中最具有智慧的人，同时也是他们从来都琢磨不透的人。师父年轻的时候曾经云游四方，遍学天下佛法。戒严师叔说，师父以前并不是一个好和尚，他选择龙泉寺落脚有着不可言说的原因。但不管怎么说，在释然看来，师父永远都是一个好师父。尽管师父有时也很严厉，释然还是愿意跟随着师父勤修佛法，因为师父是释然心中最值得相信的人，是像父亲一样慈爱的领路人。

戒严： 戒严师叔是师父妙空的同门师弟，是龙泉寺里权力第二大的人；戒严师叔还是掌管全寺伙食的大厨，只要有戒严师叔在，就不愁吃不上好东西。除了掌管伙食以外，戒严师叔还掌管着全寺僧人头发的"生杀"大权，只是他的剃发技术一般，理发成了除了师父外每个人的"噩梦"。如果要评选出龙泉寺最不遵守规矩的和尚，那非戒严师叔莫属了，因为他从来不遵守寺庙里的规矩，有时候还带着释然一起破坏规矩，这让师父头疼不已，但戒严师叔好像从来没有把这当成一回事儿。

戒缘：云游僧人，暂居龙泉寺。戒缘师叔讲故事讲得很生动，深受释然和师兄弟们喜爱。此外，戒缘的讲经和辩经水平也是很受大家尊敬。见识广博的他总是能给大家带来惊喜和新鲜。

释恩：释然真正的大师兄，也是师父和师叔最得力的助手。在师父和师叔不在的日子里面，释恩师兄操持起寺院里的一切日常事务。如果让释然选一个师父的接班人，释然也毫无疑问地认为，释恩师兄绝对是最佳人选。尽管释果师兄经常和释恩师兄对着干，但每一次释果师兄都会乖乖地认输，然后接受惩罚。释然是不讨厌释恩师兄的，只希望他每天早晨不扯着嗓子叫嚷自己起床，但这也是释然唯一无法实现的心愿。

释果：释果本该是排行第二的师兄，但在释然和释行面前他总喜欢让他们称自己为大师兄，而且还爱做一些恶作剧。尤其师父和师叔都不在场的时候，释果师兄就会命令释然和释行两个人要听他的指挥。绝大多数时间，释果师兄会和众多的师兄弟们一起勤习功课，当然要除掉他自己挨罚的时候。龙泉寺所有弱小中，只有爱睡觉的小界从来不把释果放在眼里。

释行：龙泉寺里最小的师弟。在释行面前，释然也可以光明正大地充当起师兄的角色。释行年幼，对什么事情都充满着好奇心，有时候也会让释然烦恼不已，因为他总有许多问题问释然，让释然恨不得自己变成一本《十万个为什么》。

小界：龙泉寺里的一只猫。所有僧众中，小界最不讨释果师兄喜欢，因为它睡觉的呼噜声总是让小界难以入定。值得一提的是，或许因为浸受了太多的佛堂气息，小界似乎改掉了嗜腥贪荤的本性安心素食，不管寺院里发生什么大事，它都能够保持安之若素的心态，继续呼呼大睡。

王二：山下小镇的商店老板。王二身上的恶习很多，他喝酒、抽烟、说脏话……但是，就算他每次见面都会毫无顾忌地在释然光溜溜的脑袋上摸来摸去，对于佛祖他倒是真心尊重、充满由衷的敬畏。用他自己的话说就是："对自己不明白的事情多一份尊敬之心，总是没有错的。"这也让释然对他另眼相看。更关键的是，王二总会不时给寺内僧众送来一些小礼物，这让释然觉得尴尬的同时，心里面还隐隐发痒。

　　李三：释然最喜欢的一个香客。他对释然好，对小界也好，在李三的身上似乎找不到任何不好的地方。但王二却常常说李三的坏话。释然并不相信王二的话，而细听起来，这些坏话似乎还有那么一些道理。这让释然有些迷茫。

　　刘大娘：龙泉寺中最虔诚的香客，也是释然期盼天天见到的人。每次刘大娘来，都会给这些过惯了清苦日子的小和尚们带来一些新鲜的水果。天冷的时候，刘大娘还细心地给寺里每个人亲手纳上一双棉鞋垫。所以，释然认为刘大娘是天底下最好的大娘，他希望刘大娘的身体一直都健健康康，好让每个人都能看到她那慈祥的笑容，继续得到她温暖的关爱。

目录
·····

目录

"不说话"的修行

这天释然和释行做完早课后，难得不用做工，各自搬来一个小板凳，坐在佛堂门口享受着片刻的清闲。刚洗干净的僧袍在阳光的反射下，泛着发旧的白光。

释行坐在释然的旁边，跟释然聊起修行之事。"师兄，你说我们现在每天砍柴、担水、做饭、诵经是修行，那我们得道之后呢？"

释然还真的从来没有想过这个问题，他仔细地想了想，回答释行说："应该还是每天砍柴、担水、做饭和诵经吧。"

"那我们修不修行，又有什么分别呢？"释行歪着脑袋说道。

释行的问题也被刚从斋堂出来的释恩师兄听到了，他一边打着佛号一边对释行说："师弟，其实修行的方式还有很多种，不仅仅是砍柴、担水、做饭和诵经。"

"那还有什么？"释恩师兄的话一下子引起了释行的好奇心，释行立刻从小板凳上跳起来。

"比如'不说话'的修行。"释恩师兄说。

　　"不说话"的修行，释然还是第一次听到，仔细一想后，心里不禁偷偷笑起来，连忙表示自己也要参加。后来三人觉得这么有意思的事情，不应该把释果师兄也落下，就把释果也喊来了。

　　"不说话"的修行需要几个人围着一炷香盘腿打坐，并且保证香一直燃烧着，而点香的工作就交给释行了。准备妥当后，大家就在佛堂中围着一炷香打起坐来。

　　几个时辰过去了，四个人谁也没有说过一句话。太阳渐渐从山后爬上了山顶，寺庙里的猫小界睡了一上午觉，此时悠闲地在佛堂散起步来。忽然，小界身子一跃，跳上了香炉，围着还在燃烧的香一圈一圈地转着。

　　释然心想：小界不会在这个关键时刻捣乱吧。于是微微转过头，看着释行的表现。释行从小界一跳上香炉开始心就提到了嗓子眼，眼睛一眨不眨地盯着小界，生怕它一个不小心把香熄灭，几次想要开口让小界下来，但是一想到这是"不说话"的修行，就忍住了。

　　然而小界似乎没有觉察到释行的担忧，一会儿伸出爪子，在空中抓了抓，似乎在驱赶萦绕在自己眼前的香气；一会儿转过身，准备跳下香炉。小界的每一个举动都在挑战着释行的耐性。

　　终于，这一炷香就要燃烧完了，眼看着大家就要圆满完成这次修行了，小界忽然将爪子伸向了香，一爪子将香摁倒了。"不要啊！"释行着急地脱口而出。

　　香炉里的香灰一下子就将香给埋在了里面，待释行将香再立起来时，香已经熄灭了。释然不禁为释行惋惜："释行，你忘了我们在做'不说话'的修行吗？"

听到了释然和释行说话的声音，原本闭着眼睛打坐的释果睁开了眼睛，笑着说释然："你不是也说话了吗？"释果师兄这一提醒，释然才意识到自己也"多嘴"了。又转念一想，释果师兄批评了自己的同时不也开口说话了吗？现在就剩下释恩师兄最有定力了，果然是跟着师父修行时间最长的，释然心想。

释然正想着，释恩师兄睁开了眼睛，傲视着他们三人，缓缓说道："只有我没有说话。"此言一出，众人都呆住了，随后都哈哈大笑起来。这时，一直在佛堂内打坐的师父站了起来，一声不响地离开了佛堂。

大家顿时面面相觑。难道自己打扰了师父的打坐，师父生气了？这可如何是好？这一天，释然都在战战兢兢中度过，其他人也都是如此。

晚上，释然终于鼓起勇气问师父："师父，您是不是生气了？"

"生气？为师为什么要生气？"师父反问道。

"因为我们在佛堂嬉笑，打扰了您诵经打坐。"释然小心翼翼地说。

"哈哈哈。"师父忍不住笑了起来，"为师没有生气，那样做只是为了告诉你们一个道理——责人勿忘责己啊。"

释恩偷钱？

接下来几天，释然都会时不时叨念一句"责人勿忘责己"，他觉得这句话太有道理了，人们常常只会看到别人的错误，而忽略自身的不足，这句话却告诉自己，虽然错在别人，自己也应该进行严厉的自省与自责，这不正是提高自己修为的方法吗？

正当释然沉浸在获得知识的喜悦中时，佛堂内忽然传来一阵叫嚷声。香客都知道佛堂内禁止喧哗，现在此人这样大声吵嚷，释然心里不禁有些生气，连忙向佛堂的方向跑去。

只见一位打扮得雍容华贵的女士，说她放在包里的钱包不见了，并且一口咬定就是龙泉寺的僧人偷的，而且那个人还是正在值殿的释恩师兄。

"当时就只有咱们两个人在这里，一定是你趁我不注意偷偷拿走了。"那个女子用手指着释恩师兄说。

出家人视钱财为身外之物，怎么可能去偷钱，更何况还是在佛堂之上，所以说什么释然也不会相信释恩师兄会偷这位妇人的钱财。

"阿弥陀佛，善哉善哉。"释恩师兄只是双手合十，打着佛号站在一边，丝毫没有为自己辩解。

那妇人见状，更加嚣张："不要打着佛祖的旗号给自己做掩护，快点把我的钱包拿出来，我还要给寺院捐香火钱呢！"

"多谢施主，佛祖会保佑施主的。"释恩像对每一个捐香火钱的人那样，用平淡的语气说道。

"你要再不交出来，我可就要搜身了！"妇人的语调更高了，释恩的不动声色让她所有的怒火都找不到宣泄的渠道，她更加气愤。

"如果这样能够令施主放弃执念，贫僧愿意接受搜身。"释恩答应了，这似乎也是证明他清白的唯一方式。

那妇人见释恩毫不犹豫地就答应了，也丝毫不客气，掀起施恩的僧衣翻看起来，但是却什么也没找到，接着她又翻看了释恩打坐的蒲团，依旧一无所获。最后妇人咬牙切齿地盯着释恩看了一会儿，一甩手离开了佛堂，嘴里抱怨道："真是晦气，上个香还把钱包丢了。"

待那妇人离开后，释然连忙走到释恩师兄旁边，问道："释恩师兄，你怎么不解释说不是你偷的呢？"他在门外时看见释恩师兄一副不急不慌的样子，着实为他着急，释恩师兄怎么连为自己辩解都不会呢？

听到释然的问话，释恩微微一笑："她若信我，我不辩解也无妨；她若不信我，我辩解了又有何用呢？"说完，释恩又回到自己的蒲团上，闭着眼睛，一手转着佛珠，一手敲着木鱼诵起经来。

既然释恩师兄不放在心上，大家也很快将这件事情抛到了脑后。没想到，过了一天后，那妇人再一次来到龙泉寺，这次她不但一个人上来，身后还跟了一老一少两名男子。难道上次没有找到钱包，这次带了人来闹事吗？释然立刻做出了"兵来将挡水来土掩"的架势。

结果这名妇人不但没有吵架，反而一见到释恩就立刻跪下来请求原谅。原来她的钱包确实是丢了，只是不是丢在龙泉寺，而是丢在上山的路上，被当天上山的香客捡到了，并根据里面的身份信息，将钱包辗转还给了她。妇人这才知道自己冤枉了释恩，她对自己莽撞的行为十分懊悔，所以特地买了很多礼物来向释恩赔罪，并要求释恩一定要收下。

释恩连忙将妇人扶起，说道："如果这样能够令施主放弃执念，那贫僧很愿意收下这些礼物。"一场闹剧就在释恩这两句相似的话语中结束了。

被窝里的谈话

冬日的夜晚总是来得特别早，每天在佛堂听完师父讲经后，大家就洗洗睡了。今日，可能是师父讲的故事太过精彩，释行回到禅房后依旧处在兴奋中，他拉着释然的手说个不停。说着说着，释行的情绪忽然低了下来。

"释然师兄，今天我听到一个外地的香客说，咱们的庙小僧人也少，甚至怀疑咱们龙泉寺的菩萨不灵验，所以给我们的香火钱也少，对我说话时也总是翻着白眼。他还说，有座山上有一间特别大的寺庙，里面有很多房间和很多僧人，供奉的佛像也大，每日去拜佛的香客络绎不绝。"

释然静静地听着，释行的话他也曾经听一些香客提起过，他从来没有放在心上，香客们爱怎么说就怎么说，拜佛讲的是佛心，跟庙宇大小并无关系。只是释然没有想到，小师弟会因听到这些话而烦恼起来。释然正想给释行讲一下"不要与人攀比，不要受他人影响"的大道理时，忽然灵机一动，决定换一种方式，让释行明白这些道理。

"师弟，你冷不冷啊？"释然问释行。

释行没想到自己说了那么多，师兄却答非所问，心有委屈却也无奈，悻悻地低头顺着释然的问话回答道："当然冷啊！数九寒天的，我的双脚早就冻麻了。"

"那就早些睡吧，明天一早还要早起呢！"说完，释然就关了灯钻进了被窝里。过了一会儿，释然忽然问释行："师弟，现在你暖和些了吗？"

释行回答："暖和多了，还是被窝里暖和呀。"

"刚才我们没有钻进被窝时棉被是冰冷的，可是我们钻进一会儿就变得暖和了。你说是棉被把人暖热了还是人把棉被暖热了？"释然继续问道。

"当然是棉被把人暖热了。"释行想也不想就回答，但是随即又更改道："不对，应该是人把棉被暖热了，因为棉被自身没有温度，而人是有温度的。"释行很为自己的分析能力感到骄傲，却没想到释然还有问题在后面等着他。

"既然棉被不能给我们温暖，而且还要靠我们去温暖它，那我们为什么还要盖着棉被呢？"

这个问题释行可从来没有想过，他认真地思考了一会儿，开口回答道："棉被虽然给不了我们温暖，但是它可以保存我们的体温呀，这样我们才能在被窝里暖暖和和地睡觉呀。"

听到释行的回答，释然在黑暗中露出会心的一笑，接着说道："我们每日诵经念佛，就像是躺在棉被下的人，而那些每日来寺里拜佛的香客，就像是盖在我们身上的棉被。只要我们保持着一颗炙热的佛心，那芸芸众生终究会被我们温暖的，不是吗？到那时，我们龙泉寺的香客就会越来越多，香火也会越来越旺，用不了多久，龙泉寺也会成为一所庙宇千间的大寺的。"

释行听完，终于明白了释然与他讨论"棉被问题"的用意了。仔细想想，释然说得很有道理。不管别人说什么，只要自己一心向佛，他人早晚会被自己的诚心所打动。

夜里，释然和释行不约而同地做了同一个梦：龙泉寺变大了，他们多了很多师兄弟，每天都有成千上万的香客来龙泉寺进香。月光中，两个人的脸上都露出了满足的笑容。

赏烟花

　　一年里最让人开心的时刻就是春节了。距离春节还有一个星期的时候，大家就开始忙碌了。因为大年初一是春节的第一天，所以全镇上下的人都将这一天视为重大的日子，平时不烧香拜佛的人也都会选择在这一天来龙泉寺为新的一年祈福。

　　龙泉寺虽然地处深山，但还是能隐约听到从山下传来的鞭炮声，那是小镇上的居民们在贴春联。龙泉寺虽然不用贴春联，但是僧人们也不闲着，清扫庭院、砍柴担水等这样的活计是少不了的。

　　傍晚时分，大家走进斋堂，一起包饺子。平时做饭的活都是由戒严师叔和释恩师兄负责，但是年夜饭一定要大家一起动手才更有过年的气氛。今年又多了戒缘师叔，自然分外热闹，只是令释然没有想到的是，满腹经纶、武艺高强的戒缘师叔竟然不会包饺子。虽然在大家的极力鼓动下，戒缘师叔也动手包了几个，但那饺子的模样还是惨不忍睹，引来大家的阵阵笑声。

　　时间在大家的嘻嘻笑笑中一点一滴地过去，夜幕降临，山下小镇上的居民开始放烟花了。这是每年过年时，龙泉寺的僧人们最期待的一刻。只听见"咚"的一声巨响，释然抬头一看，天空已挂着一个巨大的彩球。彩球闪烁着耀眼的金光，向四周扩散开来。释行拍着手说："这是天上的神仙给我抛彩球呢。"

又是"咚"的一声，一朵巨大的金黄菊花又在天空盛开，紧接着，金色的"花瓣"如流金般从天空落下。"看呐，天上撒金子了。"释行又蹦又跳地叫嚷着。

"小师弟，你的解说可比烟花精彩多啦！"释果师兄看着手舞足蹈的释行打趣道。师兄的话，引得大家都哄笑起来。这时一团团烟花在空中争相开放，将整个夜幕渲染得五彩斑斓，犹如一幅彩色画卷，散发出耀眼的光芒。

看着不断绽放的烟花，释行由最初的欢快，变得越来越沉闷。"烟花虽然美丽，可是绽放的时间太短暂了。我还来不及回味，它就已经消失了。"看了这么多年的烟花，释行第一次发出这样的感慨。"看来自己的这个小师弟也在长大呢。"释然心里默默地想。随即自己也不由得陷入沉思：这烟花如同我们的人生一样，努力地冲向高点，为刹那间的完美纵情绽放，然后走向终结。再仔细一想，世间万物也无非如此，譬如眼下的包饺子，早早准备，然后和面、调馅、擀皮、包、煮，最终在年夜里，大家坐在一起共同分享那份快乐，这就是一种圆满。纵使准备的过程繁琐漫长，每个人却都乐此不疲。

赏完烟花，大家又聚在佛堂里一起守岁，释行第一次在年夜里通宵达旦。大家说笑着一直持续到天明。过了这一晚，就是新的一年，天亮以后大家就要开始新的忙碌了。虽然大家每天都在诵经念佛，但是真正让师父站在菩萨面前为大家祈福的日子毕竟屈指可数。想到这里，释然有些兴奋。

"责任田"

过了年，就是春天了。回想起过年那几天，释然只能用忙得脚不沾地来形容当时的状态，甚至有些不想过年了。或许人就是这样吧，没有得到时是满心的期盼，当真的得到时，又觉得不那么在乎了。

天刚蒙蒙亮，释然就睁开眼睛躺在被窝里等着师父的木鱼声，可是今天的木鱼声却迟迟没有响起。师父很少会延误早课，释然忽然想起昨晚睡觉前师父打了两个喷嚏，难道师父生病了？

想到这里，释然立刻将僧袍套到身上，向师父的禅房走去。结果，却在佛堂门口遇到了师父。如此春寒料峭的早上，师父头上的汗珠在晨光的照耀下，微微散发着光芒，手上和僧鞋上的泥土，准确地传达着他老人家刚刚外出回来的信息。

"师父，您这是去哪里了？"释然不解，难道师父趁着大家都熟睡自己独自下山了？

"一会儿为师再告诉你，先上早课吧。"师父卖了个关子。于是，这一天的早课，释然完全没有上心，而是暗自猜测师父到底去哪儿了。

终于，早课熬到结束。

"我们住在山上，吃喝用行都很不方便，一旦赶上雨雪的天气，我们的吃喝就成了问题。"师父不急不缓地说着。

这问题显然戳到了戒严师叔的"痛处"，作为掌管全寺伙食大权的人，为此，他可没少伤神，听到师父的话后，戒严师叔的头点得就像是小鸡在啄米。

"所以，为师想到了一个办法。"师父又说道。

"什么办法？"释然抢着问道，他预感到师父想到的办法跟今天早晨外出一定有关。

"就是在我们寺院后面开辟出一片田地来，我们自己种些瓜果蔬菜，这样一来能够自给自足，减少寺内的开支；二来，以后就不必受到大雨大雪等恶劣天气的影响了。你们觉得这个主意可好？"师父问道。

师父的提议一经说出，大家立刻欢呼起来，想到大雪封山时，大家在寺里吃的那些清汤寡水的食物，释然就忍不住心酸起来。师父的提议简直太棒了，自己怎么从来没有想到呢？

"但是，"师父话锋一转，伸出手示意大家安静下来，接着说道、"寺院后面的土地长满了杂草，还有许多瓦砾，我们需要先把土地清理出来，再翻地，然后才能播种，这些工作都需要我们自己来完成……"

"啊？"大家一听，集体发出了哀叹声，这不是又要多很多工作吗？看来真是有得必有失呀！

师父似乎料到大家会有如此反应，接着说道："为师决定把土地分配给大家，每个人只负责自己的那片土地就好。在自己的土地上，可以种自己想种的东西。"

一听到这里，大家顿时又雀跃起来。释行首先说道："我要种草莓！我要种草莓！师父，我要种大大一片的草莓。"释行还记得年前一些香客上山时送给师父的草莓，那味道真叫香甜，所有的草莓几乎都进了他的肚子，可他还是没有吃够。现在能种自己想种的东西，那一定要种草莓不可了。

释然看了看自己布满了冻疮的双手，听说老姜的汁液涂在冻疮上十分有效，那自己就种老姜吧，不但能吃，冬季里还能驱寒，真是一举数得。不过自己可不像释行那么贪心，只要一小块地就好。

于是，这田地怎么开垦划分就成了问题。

最后，师父提议，在一盏茶的时间内，每个人用步子所圈出的地就归个人所有，前提是最终必须回到起点。

师父的提议很快得到了大家的支持，吃过早饭，大家就来到了寺院后面的空地上。由戒缘师叔做裁判，一声令下后，释恩师兄先走了出去，释恩师兄走了一大圈后，在规定的时间内走回了原点，因为走得有点急，施恩师兄的脸都红了。

"释恩的土地可不小哦。"戒严师叔拍着释恩师兄的肩膀说道。

"我想种些小麦和玉米，这样我们就不用跑到山下买粮食了。"释恩师兄用手挠了挠头，不好意思地说着。

接下来轮到释果师兄了，释果师兄走了没几步就回到了原点。看着他圈出来的那一小块土地，大家都有些哭笑不得。

"我就种些瓜果蔬菜就好，地方太大了，还浪费。"释果师兄嘿嘿地笑着说，其实大家都知道，他是怕地太大了，耕作起来费力气。

轮到释然了，释然还没想好自己该圈多大的地，所以只好跟着感觉走。走到自己觉得可以的时候返回了原地，时间把控得刚刚好。师父似乎对释然的表现很满意，冲他点了点头。

一直等在一旁的释行早已经坐不住了，他生怕师兄们把土地都占了去，最后只剩一小块儿。所以还未等师父说"开始"，释行就抬起脚出发了。释行一直向前走，一直走到大家几乎都看不到他了。

眼看着时间一点一点的过去，释行还是不见往回走，释然心里不禁为释行着急起来。终于，释行跑回来了，他因为跑得太快而气喘吁吁，人还未到跟前就喊着"师父，我回来了。"

"回来是回来了，只可惜……"师父说到一半，无奈地摇着头，再次说道："可惜时间早就到了。"

释行一听，脸上的笑容顿时僵住，原本散发着兴奋光芒的双眼也瞬间暗淡下来。早在出发前，大家就知晓了"圈地规则"，未在规定时间内回到原点，所圈的土地无效。

"师弟，你先来还是我先来？"师父转身问向身边的戒严师叔。

"我先来吧，师兄无非也是想种些花花草草，我可要为全寺的吃食操心。"

"哈哈，那就师弟你先去吧。"师父被师叔猜透了心思，一边笑着，一边捻动手里的佛珠。

戒缘师叔一声令下，戒严师叔便大步向前迈去，不一会儿便不见了踪影。果然是练过功夫的，走路都比常人快，释然心中不禁升起几分羡慕之情，但他随后又念了几句佛号，将这不该有的世俗之心压制了下去。

不多一会儿，师叔也回来了，路过师父身边时，说道："师兄，给你留了一小块地，不知可够了？"

师父连看都不看，就笑着回答说："足矣，足矣。有劳师弟了，省得我再多走一遭。"说完，两人哈哈大笑起来。

最后，每个人都在为自己得到了土地而高兴，就连一向对种地不热心的释果师兄，此刻脸上也流露着满足的神情。唯独没有圈到"责任田"的释行在一旁闷闷不乐，一路无语地跟随着大家走回龙泉寺内。

成人之美

因为没有圈到"责任田"，释行整整一天都垂头丧气的。释然看在眼里，心里不免有些同情起释行来，一个念头在释然心里闪过："释行，我觉得我的土地有些大，不如我们一起耕种吧，只是……"

"真的吗？师兄你说话算数吗？"释行不等释然说完就从床上跳起来，一脸不敢相信的样子。

"出家人不打诳语。"释然见释行居然不相信自己，觉得又好气又好笑。

"太好了！太好了！我可以种草莓了。"释行高兴地在床上蹦来蹦去，原本就不怎么结实的木床，在释行的"酷刑"摧残下，"吱吱呀呀"地响个不停。释然看到这般情境暗想：万一要是把床蹦坏引来师父埋怨，那恐怕自己想说话算数也算数不了了。于是他连忙拉住正在上蹿下跳的释行，将食指竖起放在嘴边，发出"嘘"的声音，示意释行不要得意忘形。

"只是，你播种的面积不如你预想的大了。"释然将自己方才没有说完的话补充完整。"没关系啦，总比没地方可种的好。"释行歪着小脑袋，眼睛一眨一眨地说，因为解决了释行的烦恼，这一晚上释然睡得格外香甜。

第二天吃过早上的斋饭后，释然正寻思着自己去做些什么时，戒严师叔扛着铁锹从工具房里走了出来，看见释然，他好像很惊讶的样子，仿佛释然此刻不应该在这里闲逛一般。

"师叔，您这是要去哪里？"释然想着要是有什么有意义的事情，自己就不愁没得做了。

"去开荒啊。"戒严师叔回答。

"开荒？开什么荒？"释然俨然已经忘了昨天分到土地的事情。

"难道你想等着土地自己长出粮食来？"戒严师叔说着用手轻轻地在释然头上敲了一下，似乎在惩戒他的无知。

"嘿嘿……"释然摸着光溜溜的脑袋，不好意思地笑了，"那自然不会，只是没想到这么快就要进行劳作了。"说完，释然学着戒严师叔的样子，从工具房里拿出一把铁锹扛在肩头上，然后走到正在逗小界玩的释行跟前，敲了一下释行的脑袋："还有工夫在这里闲玩？你想等着草莓自己长出来？"然后跟着戒严师叔一起出了龙泉寺，来到昨天大家圈好的土地上。

没想到，师父已经在那里开始劳作了。这片地原本就是荒地，处处都是干枯的杂草，杂草中间就是石头和瓦砾。此时，师父正弯着腰费力地将杂草拔出。一旁已经拔出的杂草堆在一起，像一个小土丘。

释然和释行见状，也学着师父的样子拔起草来。不一会儿，释恩师兄也过来了。看到释行站在释然的土地上，不解地问道："释行，你来凑什么热闹？"

"我没有凑热闹，我是来清理我的土地的。"释行梗着脖子说道。

"你的土地？"释恩师兄一听，忍不住笑了起来，"你昨天明明没有圈到土地，今天哪来的土地？"

"是释然师兄分给我的，释然师兄说他的土地太大了，所以分了一半给我。"释然认真地解释道，生怕施恩师兄不信。

"那是你释然师兄怕你哭鼻子，故意让给你的！"释恩师兄毫不避讳地说出了事情的真相。释然确实是故意让给释行的，他只是不想把话说得太直白以免伤了释行的自尊心。只可惜，释恩师兄丝毫没有领会到自己的苦心。释行可千万别当真才好，别看释行人小，自尊心却很强，释然在心里默默祈祷。

"不管释然师兄是什么目的，是想我帮他也好，还是他想帮我也好，我只知道，释然师兄是真心想让我跟他一起耕种这片土地的。既然是真心，我又何来拒绝之理？"释行的回答令释然吃了一惊，就连远处的师父听到后都抬起了头。

释恩师兄顿时语塞，他没想到释行说得还挺有道理，自己原本只是想逗逗释行，没想到反被释行教训了一通。正感觉难堪之际头上忽然挨了一掌，痛得他立刻缩了脖子。不用看，释恩就知道这一定是戒严师叔的"黑煞掌"。

"释恩啊，你还没有一个孩子知晓的道理多！什么叫'成人之美'，你忘记了？"戒严师叔看着释恩的样子，忍不住一边笑，一边教训道。释行一看释恩师兄被打，捂着嘴偷笑起来，释然也跟着笑起来。只是释然想不通，戒严师叔是说自己"成人之美"，还是说释行"成人之美"呢？

究竟谁可怜

天气一天比一天暖和了，难熬的冬天终于过去了。龙泉寺院子里的几株桃树不知何时已经长出粉嫩的花骨朵。微风吹来，一阵清新的泥土气息伴随着草木的淡雅幽香迎面而来。此刻的释然可没有心情欣赏这满园的春光，他今天负责值殿，忙得有些晕头转向。今天前来拜佛的香客特别多，其中有几个还是远道而来，准备在龙泉寺住两天再离开。

"那个小和尚真可怜。"一个姓张的女施主看着门外，忽然对释然说。

释然顺着张施主所指的方向望去，只见释行正在握着扫把认真地打扫院子。原来是在说释行呀，可释行哪里可怜呢，释然看来看去也没有看出来，只好问道："阿弥陀佛，施主何出此言呢？"

"你看他的衣服都破了，还打着那么多补丁。"张施主指着释行的裤子对释然说。

释然一看，果真如此，释行的裤子不知何时破了一个大洞。虽说龙泉寺僧人的生活一向清贫，但并不是不给大家购置新衣服。只是这个小师弟平日里太过顽皮，所以他的衣服总是破烂得最快的。但是释然转念一想，张施主有这样的菩萨心肠是好事，自己解不解释又有什么关系呢，于是笑笑没有回答。

夜幕降临，大家都回到自己的禅房休息后，释然拿过释行那件破了洞的衣服缝补起来。释行换了一身比较新的衣服，坐在释然身边。一边数着天上的星星，一边与释然聊天。"师兄，你看，那颗星星一闪一闪的，多像宝石啊。"

"嗯。"释然头也不抬地应答。

"对了师兄，今天那个可怜的女施主是谁呀？"释行忽然问道。

"可怜的女施主？"释然不解，寺里今天没有来什么可怜之人呀，"你说的是哪位？"

"就是那个身上戴了很多首饰的施主呀，她还在佛堂前跟你说话来着。"释行的描述，让释然眼前立刻浮现出张施主的样子。张施主确实是来寺里为数不多的有钱人，她不但衣着考究，身上戴着很多首饰，脖子上还挂了金光闪闪的金佛。不过要不是释行提到，释然还真没有注意到呢。可是，释行怎么会认为她可怜呢？

"你说的应该是张施主，只是你为什么觉得她可怜呀？"释然不解地问道，释行还不知道张施主曾经说过他可怜的事情。

"你看啊，她一整天都皱着眉头，都没有笑过一下。我猜想，她一定有什么难过的事情，所以觉得她很可怜。"

听了释行的话，释然忍不住"扑哧"一声笑了出来。如果释行知道张施主是因为可怜他才一直皱着眉头，那他还会觉得张施主可怜吗？不过，释行有这份慈悲之心，释然又怎么舍得去泼他冷水呢？

　　晚上躺在床上，释然想着白天发生的一切。虽然这一天很累，却很有意思。原来即便是同一事物，如果从不同的地方、不同的角度看问题，也会产生不同的看法。就好比释行把目光落在了张施主紧皱的眉头上，就会觉得她很可怜。而如果将目光落在张施主佩戴的珠宝上，会不会又觉得自己很可怜呢？

　　或许就如师父经常所说的那样，看待任何事物都不要仅盯着一点，那样会令人滋生出无谓的自大和自卑。只有全面地去看待事物，才不会让自己掉入自卑和自大的陷阱。

一道选择题

　　快到清明了，来龙泉寺拜佛的人较平日里多了很多，释然每天从早忙到晚，根本没空顾及自己的那片土地。这天，许久都没有上山的刘大娘来了，一见到释然，就亲热地拉过去询问他手上的冻疮有没有好一些。释然连忙露出双手给刘大娘看，"好多了，大娘告诉我的那个方法还真管用。只是寺里吃穿用度一向紧张，我也不敢浪费姜，否则估计早就好了。"

　　"唉，可怜的孩子。"刘大娘轻抚着释然的手，语气里带着心疼。如果刘大娘的孩子还在，她现在应该是奶奶了。这不，过两天就是清明了，刘大娘特地上山来，希望佛祖能够知晓她心里对孩子的惦念。

　　释然见刘大娘方才还好好的，忽然间眼眶就红了，刘大娘哭了！释然见惯了总是笑呵呵的刘大娘，现在刘大娘忽然掉起了眼泪，他一时间不知道该如何是好，是因为心疼自己吗？于是释然立刻安抚刘大娘道："刘大娘，你不用担心，我们在寺院后面开辟了一块荒地，我心想着多种些老姜，这样明年再生冻疮就不怕了。"释然说着，脸上露出灿烂的微笑，刘大娘看着，心里的难过顿时减去不少。

"是吗，那你们开始播种了吗？"刘大娘细心地问道。

"还没有呢，我们还没有弄到种子呢。"释然实话实说道。

"那你们可要抓紧了。"刘大娘提醒道，"农民有句俗语，'清明前后，种瓜点豆'，意思就是说这清明节前后，可是播种的好时机，影响着一年的收成呢。"

要说诵经打坐，龙泉寺的众僧人是内行，但是这耕地种菜，他们可就是外行了。当释然把刘大娘的提醒告诉大家时，竟发现包括师父在内的所有人，都不知道清明前后是播种的好时机。好在大家的地已经犁好了，就等着播种了。

只有一个人开始着急了，那就是释果，他原本以为时间还有很多，可以慢慢做，结果没想到时间这么快就过去了。只是现在后悔也来不及了，这两天寺中事务繁忙，自己根本没有时间去清理那片土地，现在怎么办呀！尽管自己对种地这件事情并不热衷，但是心里终归还是不想落在后面的。

释果将求助的眼光投向释恩师兄。"释果啊，我早就提醒过你，可你总说不着急，现在着急也没用了。每天在山上吃斋的人那么多，斋堂的事情我都忙不过来，师兄是爱莫能助啊。"释恩师兄说完，走到释果身边，拍拍他的肩膀，以示安慰，然后就向斋堂走去。

院子里只站着释然和释行了。"释果师兄，师父说今天轮到我值殿，所以我不能离开龙泉寺半步。真是对不起了！"释行说完，就跑走了，不给释果师兄说话的机会。

现在就只剩下释然了，释然感觉气氛尴尬极了，自己该想个什么理由拒绝释果师兄呢？自己不用帮戒严师叔做斋饭，也不用值殿，但是事情也不少呀。就在释然绞尽脑汁想理由之际，释果师兄已经站在他面前了，"释然，我平日里待你如何？"释果师兄问道。

释果师兄虽然总爱开释然的玩笑，但是对他还是不错的。"很好。"释然实话实说。

"既然如此，你忍心看着我遇到难题而袖手旁观吗？"释果师兄打起了同情牌。

"当然不忍心了，可是……可是……"释然"可是"了半天，也没有"可是"出所以然来，就在自己就要被释果师兄拉着去锄地的时候，师父出现了。

"释果，为师给你出一道选择题，你选择对了，释然今天就帮你锄地，他的工作由为师代劳。但是如果你选择错了，你不但不能耽误寺内的工作，还不能延误了播种的时机。"师父替释然解了围，释然想来想去，觉得师父的提议对自己而言没有任何损失，也就高兴地接受了。

既然是选择题，自己总有百分之五十的机会答对，这样想着，释果也答应了师父的提议。"那为师可要出题了。一个一无所有的人在离海边不远的地方遇到佛祖。佛祖准备了两样东西供他选择，一样是一个鱼竿，一样是一篓鱼，但这个人只能选择一样。你说，他会选择什么呢？"师父的问题问完了，释然也在心里寻找起答案来。

人在困顿时，脆弱往往会让他选择那篓鱼吧，释然想。"他会选择鱼。"释果说出了释然心里想的答案。

"吃完了鱼，解决了当时的危机，以后呢？"师父再次问道。

这个问题释果师兄显然没有考虑到，释然也没有想到。"释然，去做你的工作吧。"师父吩咐释然道。释然像得到了赦令一般，转身就跑开了。

身后传来师父的声音："人无远虑，必有近忧啊。"

第一次化缘

　　虽然大家在释果求助的时候都拒绝了他，但当他们真的看见释果一个人在午后的骄阳下翻地时，还是不约而同地拿起锹镐帮起了忙，就连小界也跟着凑热闹，踮着脚尖围着大家转来转去。释果的田地本身就不大，在大家七手八脚的帮助下很快就开垦出来了。

　　接下来面临的问题是种子。龙泉寺的日常开支并不大，但是要维持大家的吃喝用度还是很紧张的，所以戒严师叔给大家出了个难题——每个人得自己想办法弄到种子。这件事情释行已经不用担心了，因为刘大娘听说他要种草莓，早早地就将草莓的种子送上山来。但师父还是批准了释行跟大家一道下山，这让释行高兴得不得了，一路上都在计划着到了小镇上要做些什么。而释然则在思考自己该去哪里寻找他的老姜种子。

　　种姜不像种其他作物那样需要播种，直接将一块姜埋进土里就行，老姜会自然地生根发芽，长出新的姜。想要得到姜的话，那必定要到菜市场了，可是自己身上没有钱，只有化缘了。

　　一到小镇上，释行的眼睛就不够用了，似乎任何事情都能引起他的好奇心。不管是街边捏面人的，还是巷子里面卖年糕的，释行都要拉着释然的手过去看看。看着一点一点偏西的太阳，释然有些着急了。刘大娘曾说，春播的日子就这么几天，错过了就会影响收成。所以如果今天得不到种子，那么明天就还要再出来一趟。本来今天该做的事情已经推到明天了，如果明天还要再下山，那明天的事情又要推到后天了。想到这里，释然拉住准备去另一条街凑热闹的释行，严肃地对这个小师弟说："释行，你不要忘了咱们此行的目的是找到种子，而不是逛街。"

　　经过释然这么一提醒，释行果然收敛了很多，不再东张西望，也不再到处乱跑，乖乖地跟着释然来到菜市场。下午的菜市场人并不多，但是每个摊位上也都有人在买东西。释然一想到要在别人的注目下化缘，脸就红到了脖子根。

　　虽然这是释然第一次化缘，但是乞食这样的事情他之前也曾做过，那时他还不是佛家弟子。回想起来距今已经有很多年了，释然依稀记得那时候的自己为了要到食物果腹，从来不会在乎周围人的眼光。一无所有的时候什么都不在乎，现在拥有了很多反而变得扭捏起来。

　　化缘也是出家人的修行之一，所以自己必须要做到，释然在心里给自己打气。他来到一处客人并不多的摊位，对着摊主露出一个僵硬的笑容，说道："施主，我们是路过的僧人，想要点儿斋菜，不知道方不方便？"

摊主一听，立刻点头说方便，并贴心地问释然想要些什么。"我只想要点姜。"释然答道。

"没问题。"摊主爽快地拿出两块姜放到了释然的手上。

没想到这么顺利就化到了姜，释然顿时觉得勇气大增。只是这两块姜对于种地来说似乎有点少，还得再化两块才是。于是他又向另一个摊位走去。

这个摊位上正好有人买东西，释然就站在旁边等着。买东西的是一个中年妇女，结账时才发现自己出门忘记带钱了，于是打算放下菜回家拿了钱再来买。没想到摊主笑着说："先拿回去做饭吧，等什么时候有空了，再给我送来。"买菜的中年妇女先是一愣，随即又笑了，点着头拿起菜就走了。

这时摊主看到了站在旁边的释然，连忙问道："小师父，是要买菜吗？"

释然心想：这位施主这么慷慨，如果自己开口他一定会施舍。只是刚刚那位女施主已经拿走了很多菜，如果她一去不回，那么这位施主就会损失两份菜钱。这样一想，释然对着施主摆了摆手，朝着下一个卖菜的摊位走去。

最后，释然成功地得到一些老姜。就在他要离开菜市场时，忽然看到之前的那位女施主手中攥着十几块钱，向菜市场的方向跑来。远远地，就听见摊主对女施主说："其实不来送也没关系的。"

女施主则气喘吁吁地回答说："我要是不来送，你也找不到我。但是能被人信任不容易，我不能辜负了这份信任。"

释然看着手中的老姜，微笑着离开了。他想，自己这一趟化缘，

不但体验到了与从前不一样的心境，还了解到了人与人之间的信任
是多么的重要。真是不虚此行啊！不知道以后还有没有机会再出来
化缘了。

垂钓者

龙泉寺的用水是僧人们每天到山下的一条小河挑水运上山来的，虽然担水的活计很辛苦，但释然还是很喜欢到小河边待一会儿，尤其是每年的四五月份，此时正值万物生长，一派生机勃勃的场景，总能让人感受到生命的可贵与美好。

有时候，释然会看到一些垂钓者。作为出家人，释然自然不忍心看到鱼儿被钓上岸，可是观察的次数多了，他觉得钓鱼也是一项十分修身养性的行为，一个人不管严寒酷暑都能稳坐在河边，大半天一动不动，那也是需要些定力的，就好比僧人们打坐一样，一定不能有私心杂念，否则一定坐不住。

每年河水融化的时候，来垂钓的人总是非常多。因为鱼儿在水下被冰封了三四个月，一直处于休眠的状态，因此个个儿养得身体丰腴，是垂钓者的最爱。每每这时，师父总是会为那些被钓起的鱼儿诵经超度。

这天释然去挑水，又看到了垂钓者。不同的是，这次大家不是各钓各的，而是全都站在一个人的身后观望，这引起了释然的好奇心，他想着水缸里还有些水供大家使用，暂时不会引起水荒，于是就悄悄地挪到那个垂钓者的身后一探究竟。

原来这个人是垂钓高手，释然才看了一会儿，这个人就钓上来一条大鱼。那条鱼足有一尺多长，被钓上来时活蹦乱跳，企图挣脱鱼钩。被放在地上后，鱼儿依旧腾跳不止。这样一条大鱼，垂钓者是肯定不会放过的，释然在心里默默为这条鱼儿念了一句"阿弥陀佛"。没料到，垂钓者在解下鱼嘴里的鱼钩后竟顺手将鱼儿再次扔回到水池中。

这一行为引来周围围观人群的一阵惊呼，这么大的鱼都不能令这个人满意，看来这个垂钓者的野心还真不小。短暂的唏嘘过后，大家又开始屏息期待。不一会儿，垂钓者的鱼竿一扬，又一条鱼上钩了。

这条鱼比上一条鱼更大，足有两尺长，垂钓者费了九牛二虎之力，才将这条鱼拉上岸。很多垂钓者一辈子都没有钓到过这么大的鱼，可想而知大家看到这条鱼后的反应，各种羡慕和赞叹的声音纷沓而至。然而，这一次垂钓者再一次做出了同样的行为，就是将鱼钩解下后将鱼又放回到水里。

或许这位垂钓者的目的并不是将鱼钓上岸，而是享受钓鱼的过程吧。释然在心里默默地想着。周围的人都在小声地议论着，有人说自己已经在这里看了一下午了，这个垂钓者都是这样钓一条扔一条。还有人说，人不能太贪心了，要懂得适可而止。也许扔掉了这条大鱼，就再也钓不到这么大的鱼了，到时候后悔也来不及了。

这些议论之声自然都逃不过垂钓者的耳朵，但是他都不为所动，依旧专心致志地钓鱼。鱼竿又动了，这次垂钓者钓上了一条还不足半尺的小鱼。周围观看的人们断定，这条鱼也一定会被放了。结果当垂钓者将鱼钩解下后，竟将这条不足半尺的小鱼放进了旁边的鱼篓中，然后收拾起鱼竿，起身离开了。

众人都对这个垂钓者的行为表示不理解，释然也是如此。为了让自己晚上能睡个好觉，释然追上了那名垂钓者，问出了自己心中的疑问："既然施主不是在享受垂钓过程的乐趣，又为何舍大取小呢？"

垂钓者听后，哈哈一笑，回答说："因为我家里最大的盘子还不到一尺长，我钓了大鱼回去，我家的盘子也装不下呀，所以只好要这条小鱼。况且我家里只有我和妻子二人，这条小鱼刚好够我们两个人吃，既不浪费又能吃饱，不是刚刚好吗？"说完，这个人就扛起鱼竿，唱着歌回家了。

释然担起已经盛满了水的水桶，一边向龙泉寺走去，一边回想自己见过的那些垂钓者，他们大多都会为自己钓到的鱼不够大而烦恼，如果人人都能像这个垂钓者这样知足，那世上该减少多少不必要的烦恼呀！

释果学画画

释果师兄曾经因为自己胖而自卑过，也曾下定决心要减肥。释果减肥的那段时日，是释然不堪回首的岁月，因为释果师兄为了减肥而节食，但他又不能浪费粮食，所以总是逼着释然一个人吃一个半人的饭量，导致释然的脸差点变得跟释行一样圆。

还好最后师父出马了，在师父的一番劝说下，释果打消了减肥的念头。然而他一直没有放弃想办法提升自己魅力这件事情。释果师兄认为，就算是做胖子，也要做一个有魅力的胖子。

经过几天的冥思苦想，释果决定学习画画，并立志成为一个充满文艺气息的胖和尚。关于释果师兄对自己的定位，释然觉得既新鲜又好笑。原本以为释果师兄只是说笑而已，没想到隔天他竟然真的从山下带回了画画需要的工具，然后没事就将自己关在屋子里作起画来。对此，师父采取了不闻不问不支持也不反对的态度，毕竟自己的徒弟想要多学一些技艺，总归是一件好事。

既然要学画，龙泉寺里的每一个人也都"有幸"成为释果师兄的模特和素材。起初大家还觉得挺有意思的，但是时间长了就有些厌烦了。因为一站或是一坐就是一个时辰，严重耽误了大家做其他活计的时间。而活计最少的释行，又总是坐不住。更加重要的是，即便大家耽误了很多时间给释果师兄当模特，释果师兄画出来的画像却差强人意，让人怀疑释果师兄画的到底是不是自己。

最终，释果师兄决定不再画人了，改画动物。在龙泉寺中，唯一不用干活还总是保持一个姿势的模特就是小界了。连续画了几天小界后，释果师兄觉得自己的画艺大有长进。一天，释果师兄又闷头在屋子里画了一下午后，得意地拿出一幅画让大家观赏。

只见画中龙争虎斗，好不威风。龙在云端盘旋将下，虎踞山头作势欲扑。但释然看来看去，总觉得画中有不对劲儿的地方，可又说不出哪里不对劲儿。释恩和释行也是这样的感觉，似乎是气势有余而动感不足。

听了大家的意见，释果再次拿起笔来，但他前思后想许久还是不知道该如何改进。再加上大家在旁边指指点点，更让他举棋不定。这时，师父从外面回来了，释果连忙拿着画走到师父面前，请师父指点一二。

师父拿着画仔细地看了一遍后，说道："龙和虎外形不错，但其秉性表现不足。要知道，龙在攻击之前，头必向后退缩；虎要上前扑时，头必向下压低。龙头向后曲度越大，冲得越快；虎头靠近地面越近，跳得更高。"

大家仔细一想师父的话，可不是嘛！虽然大家没有见过真正的龙争虎斗，但是也看到过蛇扑小鸟和野狗打架，正如师父所说的那般架势。当蛇准备袭击树上的鸟儿时，总是先将自己的头尽量向后缩，然后以迅雷不及掩耳之势猛地向鸟儿扑去，鸟儿往往都是防不胜防。而野狗打架的时候，总是将头靠近地面，一双眼睛紧盯着对方，然后找到合适的时机一跃而起，直击对方要害。而释果师兄的画中，龙头向前伸着，虎头向上昂着，怎么看都不像是在争斗，而像是多年不见的好友在相互问候。经过师父这样一点拨，释果师兄终于意识到不足点在哪里了，于是按照师父建议将画改过，果然，整个画面都呈现出了一副不一样的气派。

释然看后，忍不住赞叹道："没想到师父除了满肚子经文故事，还对画画有独到见解，真是渊博。"

释然的恭维完全出自内心，师父听了自然十分高兴，于是借机会教育几个小徒弟道："其实为师并不懂得作画，只是这作画与做人一样，充满了禅机，退后一步，才能冲得更远；谦卑反省，才会爬得更高。"

人和野猪的区别

冬日的冷落苍凉不见了，山上到处都呈现着盎然生机。春天是释然最喜欢的季节，"如果一年四季都这样那该多好，那样就不用忍受夏季的炎热和冬天的寒冷了。"释然对着从青砖缝隙中长出来的小草自言自语道。

"你这是从哪里来的贪念？"师父的手重重地在释然头上拍了一下，"经历一年四季不同的季节又何尝不是一种修行？"

说完，师父就出了寺门。释然发现，这段时间只要一有空隙，师父就会到寺院后面去看他种的菊花。师父这算不算贪念呢？释然偷偷在心里想，于是也跟出了寺院。师父此刻正在给他的花圃圈栅栏，山里人迹罕至，寺院后面更是少有人去，师父为何还要圈上栅栏呢？

"为师做这栅栏不是为了防人，而是为了防山里的野猪。"师父仿佛看出了释然的疑问，头也不抬地说道。

这个问题释然倒是忽略了，经师父这么一说，他似乎看到了自己辛苦种的果实，被野猪拱得七零八落。于是，连忙跑回寺里，他也要给自己的地里圈上栅栏。顺便也告诉一下寺里的其他人，好让他们有个防范。

"戒严师叔，你种的菜都已经长苗了，快去围上栅栏吧。"释然提醒过其他人以后，又跑到斋堂好心地提醒戒严师叔，那是戒严师叔为全寺的人种的菜，要是被野猪拱了，那就可惜了戒严师叔的一片心意了。

"为什么要围栅栏呀？"戒严师叔对释然的提议似乎并不热情，与其他人形成了鲜明的对比。

"防野猪呀！"释然有些意外，戒严师叔怎么会不知道呢。

"防野猪做什么？"戒严师叔似乎在明知故问。

"师父说，野猪会拱了菜，那样我们就没法吃了，你种的菜不就被糟蹋了吗？"释然依旧耐心地向戒严师叔解释。

"那我问你，我种菜是为了什么？"戒严师叔反问释然。

"为了大家吃呀！"这个问题太简单了，释然想都不想地回答。

"那野猪拱菜是为了什么？"戒严师叔又问。

"也是为了吃啊！"释然觉得戒严师叔的问题越来越小儿科了。

"人和野猪又有什么区别呢？都是要吃饭的。我种菜就是为了吃，那人吃和野猪吃又有何分别呢？"戒严师叔反问释然。

"这……"释然一时语塞了，戒严师叔说的难道不对吗？佛祖能割掉自己的肉喂老鹰，只是为了救一只鸽子，最终因此得道成佛，自己呢？如果师父在，一定又会批评自己了，这是从何而来的高低贵贱之分呢？自己刚觉得通晓了一些道理，离成佛近了一步，现在又觉得自己离成佛还差得远呢。

那师父为什么还要装栅栏呢？难道师父还没有戒严师叔的觉悟高吗？"那师父他……"释然想问，却又问不出口。

"那我问你，你师父种的是什么？"戒严师叔似乎知晓了释然的心思。

"菊花啊，而且有好几种呢！据说有一种还挺名贵的，是师父从他一个挚友那里移植回来的。"释然知无不尽地说，也正是如此，师父才对自己种的那些花格外用心。

"那你师父种那些花是为了什么？"戒严师叔再次问道。

为了什么？释然就不太清楚了，释然只知道师父素爱菊花，应该是为了自己的喜好吧。

"是为了吃吗？"戒严师叔见释然不说话，继续追问道。

"师叔真会说笑，菊花可以用来泡茶，但是却没有听说过谁会去吃菊花。"释然说道。

"那就是了，既然不能吃，还不防着野猪，那岂不是故意糟蹋了？"戒严师叔说完，用手捏了捏释然并不圆润的脸蛋。释然被师叔捏得顿时开悟，心里默默想到，自己的境界差得还真是远呢！

王二修路

　　最近每一个小镇上的居民来龙泉寺上香时，都会对师父报告一个好消息，就是王二给小镇上修了一条路，而且还是柏油路。这条路一直从王二家门口通向山下，每一个到龙泉寺拜佛的人都会经过这条路，因此对王二的善举赞不绝口。

　　对此，龙泉寺的僧人们自然也很高兴，因为那也是他们经常会走的路。就连一向有些看不惯王二的刘大娘也说王二这次办了一件好事。这天，许久没有露面的李三拎着一篮子馒头上山来了。

　　李三的家境并不富裕，比起王二那些"贵重"的捐赠来，李三带来的东西总显得有些寒酸。只是师父常说佛心不分大小，所以释然从来没有拿他们进行过对比，但是李三似乎不这么想，因为他每每见到王二都会躲得远远的。

　　但是有些人和事，不是想避开就能避开，就好比王二，李三越想要躲开他，就越是会遇见个正着。看着拎着一篮子馒头的李三，王二连忙走上前去，故意将自己穿着名牌皮鞋的脚伸到李三面前，用阴阳怪气的语气问道："呦，李三，这么一大篮子馒头，得花不少钱吧。"语气里的嘲讽，任谁都听出来。李三低着头不知该如何作答，只是将自己穿着破旧布鞋的脚向后挪了挪。王二还欲说什么时，师父出来了。

"李三施主，贫僧可是十分想念你这馒头的味道呀！"说着，双手合十，打着佛号，将李三施主的篮子接了过来。

见此状，王二也不好再说什么，轻蔑地看了一眼李三，便告辞离开了。王二离开了，李三嗫嚅着向师父说了一件事情，就是他打算到省城里去打工。李三一家祖祖辈辈都在小镇上生活，从来没有离开过小镇一步。已经种了大半辈子地的李三突然说出要去打工的话，令所有人都惊讶不已。

"阿弥陀佛，善哉善哉。李三施主为何会选择远走他乡呢？"师父关切地问道。

"这……"李三一时间不知该从何说起。想了半天后，他说道："我想挣钱，想像王二那样有钱。"

李三的话再次让大家张大了嘴巴，释然一直以为李三应该是讨厌王二的，没想到李三竟想成为王二那样的人。显然，师父也没想到李三的答案会是这样，只见他不轻易皱起的眉头此刻拧成了一团。

"王二给大家修了一条路，镇上的每个人都在称赞他，就连我的家人也认为王二很厉害。我妻子说我如果能有王二一半的本事就不用过这种穷日子了，我女儿虽然从来没有说过这样的话，但是我从她的眼神中可以看出来，她更渴望有一个像王二那样的父亲。"李三将隐藏在自己心底的话都讲了出来。

"李三施主，每个人都有自己的人生。当你拥有了王二施主那样的人生后，你就必须要承受那样的人生所拥有的烦恼。这些，你可想清楚了？"师父问道。

"烦恼？"李三显然没有想到，王二那么有钱，怎么会有烦恼呢？

"你现在的烦恼是没有钱。可你有没有想过，当你有钱了，这种烦恼就会消失吗？不会，你反而还会增添更多的烦恼。你可能不知道，王二的烦恼更胜于你，他会烦恼自己的钱还不够多，也会烦恼自己辛苦挣来的家业会毁于一旦，还得提防那些觊觎他钱财的人，所以他身边几乎没有可以信任的朋友……"

"王二居然有这么多烦恼？"李三施主睁大了眼睛，不敢相信的样子。

"不然他为什么总是来龙泉寺呢，他就是来找菩萨给他解烦恼的。"师父说。

"那他的烦恼解了吗？"李三很关心这个问题。

"那你的解了吗？"师父问李三。

李三点点头，随后又摇摇头。说解了，他觉得自己这样的人生也很好，不再渴望成为王二那样的人；说没解，他依旧穷得叮当响，依旧为生计而发愁。或许，这就是人生吧，没有那样的烦恼，就必然要承受这样的烦恼。

深山里的老夫妇

"释然，想不想改善一下伙食？"一下早课，戒严师叔就揽过释然的肩头，在他耳边神秘地问道。

"想啊。"释然毫不犹豫地回答道，每年的这个时候，戒严师叔都会到深山里去采蘑菇，他可是做蘑菇的好手，每每采到蘑菇，或素炒或做蘑菇汤，有时候还会做蘑菇馅的饺子，就连师父吃了都赞不绝口。以往释然也缠着戒严师叔带他去采蘑菇，但师叔说下过雨的山里道路十分滑，怕释然会出意外，今年16岁的释然已经举行过成人礼，戒严师叔终于决定带他到山里走一遭了。

雨后的山里空气格外清新，释然常听上山来的香客抱怨山外的空气多么糟糕，打算年老以后隐居到山林里来，他每次听到，都会无奈的笑笑，他一个修行之人有时候还会觉得山里的生活枯燥乏味，更不要说世俗中人了。就这样一直呼吸着泛着泥土清香的空气，释然和戒严师叔来到了树林。

"蘑菇！师叔，我看到蘑菇了。"一走进树林里，释然就看到一

朵大大的蘑菇生长在一棵大树根上，激动地不能自持，不等戒严师叔
过来，自己就快步跑了过去。

"释然小心！"戒严师叔的声音刚从后面传过来，释然就一脚踩
空，整个人都向下滑了下去。释然本能地想要抓住身边的野草来控制
自己下滑的身体，结果只抓到两手泥巴，他只好闭上眼睛，等待着自
己重重摔到地上。

"嘭"的一声，释然撞到了一棵树的枝干，被撞得停了下来，还
未等释然站起来揉揉摔疼的部位，戒严师叔也从上面滑了下来。一看
见释然，戒严师叔立刻一个鲤鱼打挺站了起来。"释然，你没事吧？"
戒严师叔顾不得拍掉身上的土，就来到释然身边，关切地问道。

"没……没事。"释然揉着被撞疼的屁股，挣扎着想要自己站起
来，然而刚一起身，脚踝处就传来剧烈的疼痛。

"应该是扭到脚了。"戒严师叔看着释然肿起来的脚背说道。
"看来今天这蘑菇是采不到了。"戒严师叔有些扫兴地说，"来，释
然，我先背你回去，你的脚伤要紧。"戒严师叔说着，弯下了腰。

"可是……这里离龙泉寺还远着呢！"释然虽然不胖，但也不忍
心让戒严师叔背着他走那么远的山路，更何况路还不好走。

"别啰嗦了，赶快上来吧。"戒严师叔露出难得的严肃的一面，
那语气容不得释然拒绝，释然只好爬上了戒严师叔的背。走了一段路
后，释然竟远远地看到了炊烟，难道这深山里还有人家？释然怎么从
来没有见到过，想必应该是猎户吧？

"师叔，前面有户人家。"释然拍拍戒严师叔的肩膀，示意他抬
头看。

戒严师叔抬起头一看，前面果然有一幢不大的房子，"太好了。"说完，戒严师叔加快了脚步，向那幢小房子走去。

敲开门，释然发现住在这里的是一对老夫妇，一听说释然的脚受伤了，连忙将释然迎进了屋子里。

戒严师叔将释然放在屋子里唯一的一把椅子上，然后脱掉他的僧鞋，为他检查起伤势来，释然趁机打量起这对老夫妇。他们看起来有六七十岁的年龄，老婆婆的双手挽着老爷爷胳膊，头微微地靠在老爷爷的肩上。老爷爷一只手放在老婆婆的双手上，一只手揽着老婆婆早已不再纤细的腰上。这幅画面释然看在眼里，不禁回想起前段时间来龙泉寺进香的那对夫妇。

那天，来寺里拜佛的香客格外多，释然从早忙到晚，好不容易能在中午吃饭的时候稍微歇息一下，就听见斋堂外面传来一声："我要跟你离婚！"

何人在寺院里喧哗？这是对佛祖的大不敬。释然心里埋怨着，放下了碗筷，随着众师兄弟一起走出斋堂看究竟。原来是一对夫妇在斋堂外吵了起来，只见那个妻子杏眼圆睁，手指着站在不远处的丈夫，嘴里喘着粗气，又说了一遍："离婚，下了山就离婚。"

丈夫看一下子引来了这么多人的注意，眼睛瞥向一边，不再看盛怒的妻子，"离就离，谁怕谁！"丈夫的话一说出，原本还气焰嚣张的妻子"扑通"一声跪在了地上，哭着喊道："佛祖啊，请替民妇做主呀！我成天伺候他们一家老小吃喝，这个没良心的竟然说要跟我离婚！呜呜……"

妻子声泪俱下的诉说引起了周围人的窃窃私语，释然也双手合十念了句"阿弥陀佛"，丈夫显然不能忍受妻子的无理取闹，厌恶地看了一眼跪坐在地上的妻子，转身离开了。

最终他们是否离婚了，释然也不知道，或者说释然并没有去确切地理解离婚是什么概念。只是拿眼前这对老夫妇和那对年轻夫妇比起来，释然知道"离婚"不是一件好事。想到这里，释然鬼使神差地问了一句："老婆婆，您想过离婚吗？"

释然这句没头没脑的问话，惊呆了屋子里的所有人，随即老婆婆发出一声爽朗的笑声。"小师父，这个问题我还真没有想过呢。"老婆婆回答道。

"为什么呢？"释然完全沉浸在自己的问题里，决定打破砂锅问到底，为什么同样是夫妻，却有如此大的差别。

"我出嫁前，我母亲告诉我，爱情就像沙子，抓得越紧，流失得越快。起初我并没有在意，后来经过几次争吵，我发现了，只要我试图将我的老头子拴在我的身边，我们之间就会出现矛盾，这时，我才渐渐明白我母亲的话。"老婆婆说完，用满含慈祥的双眼望向释然，似乎在询问他有没有明白。

释然自然是没有明白的，但他明白了一件事：越是想要抓紧的东西，越是会远离自己，就好比那朵长在树根上的大蘑菇。

理发的好处

虽然释然的脚并无大碍，但钻心的肿痛也给他的生活造成了不小的影响，几天不能洗澡就是其中之一。本来天就热，再加上不能洗澡，每天打坐的时候，释然都能闻到自己身上传来的阵阵汗臭味，释然甚至觉得师兄师弟们都在刻意跟他保持距离。

因此，释然拆掉纱布的第一件事就是洗澡。片刻的清爽过后，释然意识到了一个严重的问题，自己的头发已经超过半寸长了，也就是必须要理发了。其实理发并不可怕，可怕的是理发的人是戒严师叔。

戒严师叔除了要掌管全寺的饮食外，还担任着理发的重任。释然曾经在小镇上的理发店见过真正的理发师，剪刀在人家的手里就好像释然敲木鱼一样娴熟。释然也曾奇怪，为什么理发师拿着剪刀或剃刀在人头上比划来比划去时竟然能够那么自如。对此，戒严师叔的回答是"熟能生巧"。可是这个词用在戒严师叔身上就完全行不通了，别人是做得越久，技术越好，而戒严师叔的理发手艺是几十年如一日，那就是时常将大伙的头皮理破。释然也曾找过这其中的原因，一来可能是因为除了师父以外，每个人坐在戒严师叔手下时，总是晃来晃去；二来可能是因为所有人的发型一致，导致戒严师叔失去了提升技术的兴趣。

自从释然剃度以后，头发从来没有超过半寸的时候，因为当头发稍微有点长时，就会被戒严师叔抓住理发。最初释然还挺愿意被戒严师叔理发的，但是经过几次被理破头后，释然只要一看见戒严师叔拿着剃刀站在他面前都情不自禁地腿软。不仅释然如此，几乎所有的人都是如此。当然除了师父之外，因为每次都是师父主动找戒严师叔理发，而戒严师叔也从来没有把师父的头理破过。而其他师兄弟就没有这么好的运气了，尤其是释行，小时候被戒严师叔逮住理发，会边哭边闹，就算师父用饼干做诱饵他也不肯乖乖坐好理发，所以释行被理破脑袋就如家常便饭一样。长大后，释行不再哭闹，而是改成"躲猫猫"，一旦发现自己的头发长了，就想着办法躲开戒严师叔，直到被戒严师叔逮个正着为止。

在这方面，释然既比不上师父的淡定，也没有释行的古灵精怪，所以，释然是戒严师叔眼中最好"逮住"的那个人。释然想，恐怕自己这次又难逃戒严师叔的"魔掌"了。

果然，第二天起，戒严师叔的眼睛就总在释然头顶上扫来扫去，看得释然不寒而栗。就在释然思考自己要不要"束手就擒"时，戒严师叔已经拿着剃刀站在释然面前了。看着师兄弟们一个个幸灾乐祸的样子，释然只能在心里默默为自己祈祷：千万别脚伤还没好，头上又添新伤。

然而，越是害怕就越是容易出事。当师叔那冰凉的剃刀挨到自己的头皮时，释然条件反射般的一躲，结果耳朵碰到了剃刀，被划破了。戒严师叔看着释然流着血的耳朵很是心疼，但是剃了一半的头发，还是得进行下去，否则释然就得顶着半个光头去见佛祖了。

终于，剩下的半个头在释然的诚惶诚恐中理完了，释然长长地吐了一口气。晚上洗头时，释然发现，之前还要等头发干了才能睡，现在只要用毛巾擦一擦头发就干了。看来理发这件事情，是坏事也是好事。

没完没了的问题

　　夏天来得那么急，没几天龙泉寺的僧人们便深刻地体会到什么叫酷热难耐了。白天，太阳就像是一个大火球挂在天上，热得让人无处躲闪；晚上就像是住进了戒严师叔蒸馒头用的大蒸笼里，躺在床上不多一会儿，身下的被褥就会出现一个"人"形的汗渍。释然只得挪动下身体，换一处干爽的地方躺着。

　　另一张床上的释行则在不断翻动着身体，嘴里不住地叨念着"热死了。"原本就因为闷热有些睡不着的释然，被释行这样一吵更加睡不着了。"师弟，心静自然凉。你不要总想着'热死了'，就不会这么热了。"

　　这个方法释然亲身试验过，如果自己内心烦躁，那么即便天气并不是那么热，身体也会觉得燥热难耐，但如果自己内心平静，身体周围似乎就会环绕着一层特殊的气流，将热空气隔绝在外，使自己不那么热了。

　　"哦。"释行听了释然的话，果然乖乖地躺在那里，不再来回翻滚了。

不一会儿，释行又开始翻滚开了。就在释然迷迷糊糊就要睡着之际，释行忽然问道："师兄，你刚刚说的'自然凉'的前一句是什么来着？"释行问道。

"心静。"释然闭着眼睛回答道。

"哦，心静自然凉。"释行自顾自地重复了一遍后，又老实了一会儿。释然却因为释行这句提问变得清醒了，只好再次培养睡意。然而不多一会儿，释行的声音再次传来："师兄，'心静'的后一句是什么来着？"

"自然凉！"

"哦！"

"师兄，'自然凉'的前一句是什么？"

"心静！"

"心静……"

"'心静'的后一句是什么来着？"

"自！然！凉！"

……

释然觉得自己的耐心底线一再被释行挑战，就在释然气得准备一跃而起，将释行那张不停问下去的小嘴堵住时，释行的床上居然传来了轻微的鼾声。

终于睡着了，释然松了一口气，没人再打扰自己的休息了。这时释然却怎么也睡不着了，不管他对自己念多少遍"心静自然凉"，汗水还是止不住地往下流。于是释然成了刚才的释行，躺在床上开始翻来覆去。

不知翻滚了多久，就在释然觉得自己刚刚睡着时，师父的木鱼声就响了。应该是在做梦吧，释然眼睛都不睁地想。不一会儿，师父的木鱼声再次传来。啊，不是做梦！释然猛地睁开眼睛，天早已大亮。释然连忙穿好衣服，拉开门向佛堂冲去。师父和师兄们早已经在佛堂里打坐了，尽管释然已经将自己的动作幅度减到最小，还是将盘卧在一旁睡大觉的小界给吵醒了。小界眯着眼睛，冲释然"喵"地叫了一声，仿佛在对释然说"你迟到了"。

这天的早课，释然完全没有上到心里，一会儿埋怨释行不该打扰他睡觉，一会儿又责怪自己定力不够。心乱则手忙，一声声不和谐的木鱼声纷纷引来大家的侧目，戒严师叔不时咳嗽一下，意在提醒释然集中精力，让释然恨不得找个地洞钻进去。

早课结束后，释恩和释果师兄指着释然的黑眼圈笑得前俯后仰，开玩笑说要将释然赶到山里吃竹子去。师父虽然没有责骂他，却也没有跟他说一句话。师父一定是跟自己生气了，释然懊恼地想。

就在释然思索着要不要去给师父认个错时，释行抹着嘴巴来到释然面前，"师兄，你昨晚对我念的那句是佛咒吗？太管用了。我每次听你念一遍，就会觉得凉快一些，今晚你能再对着我念吗？"释行眨巴着圆溜溜的眼睛，一脸无辜地问释然。

当然，晚上释然没再对着释行念那个所谓的"佛咒"，因为他也在学着练习，怎样才能做到真正的"心静自然凉"。

禅的含义

释然一直在想师父昨晚给大家讲的那个故事。

昨晚像往常一样，大家聚在佛堂内听师父讲故事。当师父讲到释迦牟尼在菩提树下打坐七天七夜参禅时，释行忽然问道："师父，我一直有一个疑问，我们每天说'修禅'，可是"禅"是什么呢？为什么我既看不到也摸不到呢？"

这个问题释然也曾想过很多遍，只是一直没有勇气问出口。因为作为佛门弟子，每日做的就是修行、参禅，自己却不知道禅的真实含义，这样的问题问出来，难免会让人觉得自己不配成为佛家弟子。释然总是安慰自己，自己每天这样勤苦用功，总有一天会明白的。没想到释行小师弟率先将问题问了出来，于是释然连忙竖起耳朵，生怕错过任何一句重要的内容。

对于释行的问题，师父摸着胡子许久，才点了点头说："我们的释行终于学会思考问题了，我看择个日子，释行也跟着大家一起上早课吧。"释行没想到，一个问题为自己换来这样一个结果。如果师父不想告诉自己，可以不说，为什么要用上早课来惩罚自己呢？释行越想越委屈，眼眶里逐渐溢满了泪水，但是又不敢流出来。释然看在眼里，却又不知道该如何安慰，因为他也不知道师父是说真的，还是在故意逗释行。

看着释行要哭的样子，师父和两个师叔立刻笑得前俯后仰。"释行啊，你哭也是没有用的，你的师兄们像你这般大的时候，早已经开始上早课了。只是我师兄见你一直贪玩，心思很少放在修行上，所以才一直纵容着你。今天你能问出这样的问题，说明你进步了，是该跟着上早课了，等你每天跟你的师兄们一起打坐上早课，你就知道什么是'禅'了，哈哈……"戒严师叔说。

"可是，师父，我一直打坐，却也没有参透什么是'禅'。"眼看着马上就要知晓的答案可能被这样一笑带过，释然自然是不甘心的，于是连忙用小到自己都快听不到的声音对师父说道。

师父显然没有料到被这个问题困扰的不止释行一个人，既然如此，师父对大家说："那为师就给你们讲个故事吧，但愿听完这个故事，你们就能明白什么是'禅'了。"

师父顿了顿，喝了口茶，然后换了一个更加舒服的姿势，开始讲起故事。

从前有一个小偷，渐渐老了以后，他的儿子对他说："父亲，你年纪大了，不如把你的偷盗技术传授给我吧，这样有一天你不在了，我也好有养活自己的本领。"

儿子说得合乎情理，小偷无法拒绝，只好答应了自己的儿子。于是一天夜晚，他将自己的儿子带到一户有钱人的家里，然后用他多年历练出来的偷盗本领将一个柜子的门打开了，接着让他的儿子钻了进去。

他的儿子乖乖地听了父亲的话，却没想到他一钻进去父亲就将柜子的门锁上了。然后他就听到父亲大声喊道："有贼啊——进贼了——快来捉贼啊！"

这家人听到有人喊捉贼，立刻找来许多家丁挨屋查看，结果发现什么东西都没丢，而且也没有看到小偷的影子，于是就回去睡觉了。这个儿子躲在柜子中不知道父亲究竟用意何在，但是不管父亲有何用意，他的当务之急就是先脱身。锁在外面，他怎么出去成了难题。

忽然，这个儿子想到了一个绝妙的主意，他学起了老鼠撕咬衣物的声音。这声音被一个丫鬟听见了，丫鬟连忙将柜子打开。儿子就趁着这个机会从柜子里逃出来，飞也似的跑了出去。丫鬟一看果真有贼，大声喊叫起来，并召集了很多家丁对小偷的儿子紧追不舍。

小偷的儿子跑着跑着，跑到了一条河边，可是他不会游泳，眼看自己就要被人追上了，他再次灵机一动，搬起了一块大石头，用力扔进了水里，然后自己躲进了旁边的草丛中。追赶的人远远听见一声跳水的声音，以为小偷跳河逃跑了，于是放弃了追捕。小偷的儿子就这样脱身了。回到家中，他埋怨父亲不该将他锁进柜子中，并将自己逃脱的过程告诉了父亲，父亲听后很满意，对他说道："你以后不愁养活不起自己了。"

"你们一直纠结于到底什么是'禅'，其实'禅'很简单，就像那个小偷的儿子一样，从没有办法中思考出办法，那就是'禅'了。"

　　听完这个故事后，虽然释然并不赞同小偷父亲教自己的儿子继续做小偷，却很佩服小偷儿子那灵活的头脑。同时，也有那么一点点明白了禅的含义。再看看释行似乎还是一头雾水的样子，看来只有上早课打坐才能让释行明白禅的真正含义了。

师父请来的贵宾

盛夏的午时是最难熬的时候，可偏偏还要值殿，今天轮到释然。吃过午饭，大家都回到房间睡午觉了，释然却不得不去大殿诵经。

在太阳的炙烤下，此时的大殿闷热极了，释然坐在蒲团上，刚念了几句经，豆大的汗珠就从额头上流了下来。诵经的心情本就被汗水冲得所剩无几，寺院里大槐树上的知了偏偏也来凑热闹。释然每敲一下木鱼，外面的知了就"知了知了"地叫个不停，那节奏仿佛就像在跟释然对话，释然"说"一句，知了"说"一句，释然觉得实在没有办法静下心来诵经，"要是能把知了赶出寺院就好了"。释然正这样想着，院子里突然传来了释行的声音。

"释恩师兄，你就快抓到它了，加油啊！"

尽管释行极力压低自己的声音，释然还是一下子就听到了，他们不睡觉在搞什么鬼？释然满腹狐疑地走出大殿。只见释恩师兄整个人攀在树上，手上拿着一根竹竿正在够什么东西。释行则站在树下聚精会神地看着，嘴里不时地说着"左边一点……右边一点……"提示着释恩师兄，就连释然站在他身边都没有觉察到。

释然抬头一看，原来释恩师兄正在用竹竿抓知了。想必是释恩师兄和释行被知了的叫声吵得睡不着觉，所以决定将这烦人的知了解决掉。

"终于捉到它了。"释恩师兄说着，从树上跳了下来，他手上的竹竿的另一头，果真粘着一只知了，而且还在"知了，知了"地叫着。

知了是逮着了，可是该怎么处置呢？释恩和释行犯了愁，出家人不得杀生，可是除此之外还能有什么办法让它不开口呢？这知了的嘴巴又不像释行的嘴巴说捂就能捂住。于是，他俩将目光投向了一直没有说话的释然身上。

"释然师兄，你说我们该怎么处置它？"释行问道。

"要不我们把它放到寺院外面去？这样再怎么叫我们也听不到了。"释然想了想，认为除此之外，再也没有什么好办法了。

"可是……谁去送呢？这里我最小，一个人出寺院的大门，实在太不安全了。"释行说完，身子往后缩了缩。在龙泉寺，谁都知道没有师父点头同意是不能随便出龙泉寺的寺门的，所以释行一听到要将知了放到外面，立刻想将自己置身事外。

释然听了，无奈地摇摇头，这个小师弟从来都是这样"贪生怕死"。可自己又何尝不是呢？况且自己还有"任务"在身，如果被师父发现自己不好好值殿反而去捉知了，那不管是什么原因自己都免不了一顿责罚了。

于是，释然把求助的眼光望向释恩，在释然心里，释恩一直是有担当的，知了是他捉住的，那么也理应由他处置。然而，还没等释恩师兄开口说话，他们三个就听到另外一头传来师父的咳嗽声。循声望去，师父早已站在禅房门口看向这边了。而一向在这个时间呼呼大睡的小界此刻正蜷卧在师父的脚边，眯着眼睛看着他们三人。

"师父。"释然他们三人异口同声地叫道。

"你们在做什么？"

"师父，树上的知了总是叫个不停，把师兄弟们吵得没办法睡觉，释然师兄也没办法静心诵经。佛门之地，理应清净，所以我们打算把知了放到寺院外面去。"释行抢先说道，为了证明自己是出于好意，连释然也捎带说上了，这让释然哭笑不得。

"哦，是这样啊。那你们可知，这知了可是我请来的贵客。每当我诵经时，它都为我伴读，你们难道准备把我的良师益友赶到外面去吗？"师父的回答让每个人都吃了一惊，大家还没听说过请一个知了当贵宾的道理。

"贵宾？"释然三人不禁脱口而出。"知了难道也有佛性吗？"最小的释行追问道。

"难道没有吗？"师父反问道，"它耐得住寂寞，在炎炎夏日清音长鸣，跟我们诵经有何分别？你们谁做到如它一般执着了？"师父说完，依次看向他们三人。

释然自知理亏，低着头不语，心中暗自反省：耐住寂寞，清音长鸣，如此说，这简单执拗的知了，没准还真是虫界高僧呢！

再看释恩，手捧着师父请来的"贵宾"，整个人凝固似的呆在那里，拿也不是，放也不是，难堪极了。

家产之争

释然常常想，如果自己有个百宝箱就好了，当自己衣服破了时，就可以让百宝箱变出一件新的，这样自己就不用像现在这样忍受着暑热坐在屋檐底下缝补衣裳了。

不过这样的想法也只是偶尔想来，让自己宽慰一下罢了，他并不是真的想要穿不尽的新衣服。事实上释然并不是没有新衣服穿，他的衣柜里还有两件崭新的衣服被叠放得整整齐齐。之所以还穿着这件补丁摞补丁的衣服，只是因为师父曾经教导过自己，要懂得"惜福"。师父说，人这一生的物质享受是有限的，过多的浪费会令自己的福气也随之减少。释然觉得自己这一生还很长，不能提早将福气用完。

就在释然专心缝补衣服时，两个男子抬着一个木箱吵吵嚷嚷地走进龙泉寺，后面还跟着一个年过花甲的老太太。老太太边走边用衣角抹着泪水。直到被针扎破了手指释然才回过神来，一边念着："阿弥陀佛，善哉善哉。"一边连忙走上前去。

见到释然老太太哭得更伤心了，嘴里反复叨念着："家门不幸呀，家门不幸呀……"释然正准备安慰老太太几句，就听见其中一个胖胖的男子对他说："小师父，劳烦你把大师请出来，我们有事情请大师出面做主。"释然只好前往师父的佛堂，将正坐在菩萨面前念经的师父请了出来。

原来，这两个男子是老人的儿子。那个胖的是大儿子，瘦的是小儿子。他们的父亲临死前，留下了这个木箱。但是却没有说木箱里是什么，里面的东西分给谁怎么分，只说了一句这个里面装着一个宝贝，就撒手人寰。

为了财产所有权的归属问题，原本关系很好的两兄弟竟然怒目相向，争吵不休。这天他们二人又为了这个箱子里的"宝贝"而互相叫骂。老大认为自己是长子，这个宝贝应该归自己；而老二则认为，父亲在世时最疼爱他，所以肯定想留给他。年迈的母亲面对两个儿子的争吵难过不已，却又无力制止。最后，只好将箱子搬上山来，让菩萨来做"评判人"。

师父弄清楚了事情的来龙去脉后，双手合十，打着佛号说："我看这等事情就不要打扰菩萨了吧。若是两位施主信得过，就让我来为你们做定夺，如何？"

"师父愿意出面，那自然是再好不过，也省得我们兄弟二人抽签决定了。"哥哥说。弟弟也点了点头。

"但贫僧有一个要求，不管贫僧做出怎样的决定，两位施主都要接受，并且今后不得再为这件事情伤了兄弟之间的和气。"师父要求。

"没有问题。我们既然来了龙泉寺，就是想将此事做个了结。"

兄弟二人异口同声地说。

得了兄弟俩的同意，师父附耳对释恩交代了几句后，释恩就向斋堂走去了。过了一会儿，释恩拿着一个火把出来了，就在释然思考用火把做什么时，释恩已经将火把扔到了兄弟二人搬来的箱子上。木头的箱子立刻就燃烧起来，兄弟二人连忙到处找水想要将火熄灭。岂料那箱子已有些年头儿了，木质早已经疏松，不一会儿就被燃尽了。

望着一地的灰烬，兄弟俩气愤不已，指着师父骂道："我们让你分家产，你却把它给烧了，你安的什么心？"

"阿弥陀佛，善哉善哉，出家人以慈悲为怀，贫僧当然安的是好心。贫僧见两位施主为了财产反目成仇，心中甚是难过。不管我将这财产分给谁，你们兄弟二人也不会像当初那样相亲相爱了。所以，贫僧才出此下策，将这个给你们带来烦恼的东西给烧了，这样就不会再有什么影响你们兄弟之间的感情了。"师父并不理会兄弟二人，依旧不紧不慢地说。

兄弟二人听了师父的话，想要反驳，却不知该说什么。你看看我，我看看你，最后说了一句："算了吧，反正也什么都没有了。回家吧。"

此时一直站在旁边看着这一切的老太太用含着泪的双眼向师父投来感谢的目光，兄弟二人搀扶着他们的母亲在夕阳的余晖中离开了。看着他们的背影，释然想：就算那木箱里真有什么宝物，也烧得值了。别问释然为什么知道那箱子里并没有什么宝物，看看那一堆薄薄灰烬就不难发现，那木箱里面其实什么也没有。

背篓里的石头

　　在所有劳作中，劈柴应该算得上是较有技术含量的事情了。首先，得拿捏好力度，力气太小的话就不能一下子将一根柴劈开，但力气过大又很容易将斧头嵌入垫木中，要么劈偏了，要么碰倒了。最初劈柴时，释然可是闹出了不少笑话，甚至于还不小心伤到过自己。不过现在的释然已经掌握了劈柴的动作要领，劈了一下午柴禾后看着那一堆柴禾，释然心想应该够用两天的了，然后放下斧头，用手将柴禾码放整齐，就来到了师父的禅房。师父可是煮凉茶的好手，在这样的午后，喝上一碗凉茶，与师父谈谈人生，是再美好不过的事情。

　　"师父，您这煮凉茶的手艺是越来越好了。"释然由衷地赞叹道。

　　"哈哈……那是我的师父教得好啊！"师父回答道。

　　"师父的师父难道也经常煮凉茶吗？"释然问。

　　"我的师父呀，你也常见到，就是刘大娘呀！"原来师父跟释然开了个小玩笑，他所说的师父，原来是教他煮凉茶的师父。

　　"那我可真想尝尝刘大娘亲手煮的凉茶呢！"释然满怀憧憬地

说道。

"哈哈，徒儿啊，你跟为师想到一块了。"

意见达成一致的师徒相视一笑，放下手中的茶杯，向门口走去。这时忽然走进来一个年轻的男子，他似乎有很多心烦之事，他说他原本想隐居山林，却意外看到了龙泉寺，于是便走进来，希望能够得到师父的点化，使他内心的痛苦得到解脱。

这个男子说自己已经三十岁了，古人说"三十而立"，可是他却没有什么作为。身边的朋友很多已经飞黄腾达了，因此他在朋友面前总感觉自己抬不起头来。回到家后，上有80岁的老母亲，下有刚会走路的小儿子。每个月还要给银行还很多钱，那是他买房时的贷款，所以他觉得生活的压力太大了。

如今，他的公司正在裁员，他感觉自己将会是被裁掉的那个人，心里苦闷不已，不敢告诉任何人。末了，男子问师父："大师，为什么我们生活在尘世中的人要这么辛苦？是不是出家了就解脱了？"

"施主的问题，贫僧无法用语言回答你。这样吧，贫僧正打算跟徒儿出去一趟，不如你跟我们一道同行，如果回来后你还觉得出家是种解脱，贫僧也不愿意看到你在尘世受折磨，到时候定为你剃度。"

师父的话让释然吃了一惊，自己只是跟师父下山去看刘大娘，这样一趟行程能让这个男子明白什么呢？万一男子还是想不明白，难道师父真的要收他为徒吗？这会不会太随便了？释然听说当初释恩师兄出家时求了师父很久，师父才收他做徒弟的。如果师父真的收了这个男子为徒，自己是该称呼他师兄呢还是师弟呢？如果是师兄，他比自己后进佛门，按资历不如自己高；如果是叫师弟，他比自己大这么多，让自己怎么叫得出口呢？只一会儿的工夫，释然的思绪就飘了很远很远，直到师父叫他的名字，他才从自己臆想的世界中回过神来。

只见那名男子已经背着一个竹篓站在大门前，准备与师父下山了，释然忙不迭地跟在了后面。走了不大一会儿，师父就指着前方一条坎坷的小路，对男子说："每当你向前走一步，就弯下腰来捡一颗石子放到篓子里。"

男子虽然不明白师父这样做的用意何在，但还是按照师父的指示去做了。当走到山下时，男子背后的竹篓里已经装满了石头，压得他只能弯着腰走路。

"施主，这一路上走来，你有什么感受呢？"师父看着汗流浃背的男子问道。

"我感到越走越沉。"男子回答。

师父听后点点头，继续说道："我们每个人来到尘世上时身后都背着一个空背篓，每在人生路上迈一步，就是从这个世界上捡一样东西放进去，因此才会有越走越累的感觉。"

"那有什么办法能够减轻这种负担呢？"男子连忙问道。

"办法是有，就看你愿不愿意了。你愿意将你的名声、财富、家庭、事业、朋友拿出来舍弃吗？"师父问道。

男子想了想，半晌后用坚决而肯定的语气回答道："不愿意。"

"其实我们每个人的篓子里所装的，都是自己从这个世上寻求来的东西，一旦拥有它，就对它负有责任。得到的越多，负担也就越大。"师父看着男子的眼睛，然后问道："怎么样，施主还想跟贫僧回去剃度吗？"

　　男子一听，连连摆手，说道："听大师一席话，我已经想明白了，并且觉得生活虽然有负担，但也是甜蜜的负担。"

　　说完，男子将背篓拿下来，交到释然的手中，便告辞离开了。释然注意到，他的脚步比他进龙泉寺时轻便了很多。

小花出难题

小花给释然出了个难题。

小花是李三家的小女儿，与释然差不多的年龄，那只爱睡觉的小界就是从他家抱养来的，也因为小界，两个人成了很要好的朋友，释然每次下山时都会去找小花玩耍。那天，释然带着小界下山去探望小花，离开时小花给释然出了一道难题，题目是这样的："一头牛，向东边走了五步，又向南边走了七步，然后又原地转了一圈，请问它的尾巴朝什么方向？"

释然想了半天也没有想出正确答案。回到龙泉寺后，释然站在院子中，想到小花捂着嘴巴偷笑的样子，发誓就算想破脑袋也要将答案想出来。他找来一根棍子夹在两腿之间，然后学着牛的样子，先向东走了五步，又向南走了七步，接着又原地转了一圈，最后回头看看棍子，是朝着"北方"的。正确答案应该就是"北方"了，可为什么小花说不对呢？释然百思不得其解。

"释然，你腿夹木棍，是在练习什么武功绝学吗？"背后传来戒缘师叔的声音。这个戒缘师叔总是爱开玩笑，这样子能练出什么武功绝学！释然红着脸将木棍放在地上。随即想到，戒缘师叔游历四方，见过世面，也许他能回答出小花的问题。于是连忙将小花给自己出的难题向戒缘师叔复述了一遍。

戒缘师叔一听，哈哈大笑起来，笑得他的肚子一颤一颤的，许久才停下。"所以，你夹着木棍，是在模仿牛？"戒缘师叔指着地上的木棍问道，显然，他已经将释然刚刚的举动全都看在眼里了。

"嗯……正如……师叔所言。"释然觉得很难为情，结结巴巴地回答道。

"哈哈哈……"释然的回答，再一次引起了戒缘师叔一场大笑，甚至都有些笑得上气不接下气了，"释然呐，平日里看你挺聪明的，怎么会做这等蠢事呢？请问你见过哪头牛的尾巴像棍子一样是横着长的呢？"

释然仔细一想，可不就是嘛！虽然自己没有多少机会见到牛，但是偶尔经过田间也会看上一两眼，曾经还因为看见老农用鞭子抽打牛，而难过地掉眼泪呢。经过戒缘师叔这样一提醒，释然猛地想到了，那牛尾巴一直都是向下长的，不管牛头朝那边，也不管牛身转几圈，牛尾巴始终都是朝下的。

"哎呀！原来这么简单呀！我真是太笨了！"释然拍着自己的脑袋，恨不得揪下两根头发来，虽然他并没有头发。"师叔，我这就下山去告诉小花正确答案！"释然跟戒缘师叔打了一声招呼，就向山下跑去。

小花见释然想出了答案有些不服气，于是又出了一道难题给释然："喝汤药时，用哪只手搅拌会比较卫生？"

释然一听，看看右手，又看看左手，似乎哪只手都很干净，但是又似乎哪只手都不干净。就在释然准备随便挑一个的时候，忽然想起小花出的难题不会这么轻易就答对，因此转念一想说："用刚洗干净的那只手比较卫生。"

这一次，释然觉得自己肯定回答对了。却不料小花依旧是捂嘴笑着摇了摇头。再次回到山上，释然直接去找了戒缘师叔，将题目说给他听。戒缘师叔也像释然一样，举起两只手看了看，然后对释然说："好像用勺子比较卫生吧。"此话一出，释然拍着脑门连连称是，自己又被小花的问题给迷惑了。

"释然，小花给你出的这些题目叫作脑筋急转弯。所以你在思考的时候，一定不能像回答正常的问题那样去思考。"戒缘师叔向释然传授经验道。

有了前两次的失败，释然再一次站在了小花面前，这一次他信心满满，因为他已经找到了回答小花问题的窍门。却没有想到这一次小花的问题，跟前两次的不太相同，问题是："一个10斤重的铁球和一个1斤重的铁球，同时从高处落下，谁会先着地呢？"

释然心里反复温习戒缘师叔告诉他的窍门"不要用正常的思维去考虑问题"，可是依旧想不出来。虽然释然并没有上过真正的学堂，但是他曾经跟释行做过扔石头的游戏，不管他们拿的石头是大是小，但如果是从同一个高度扔下，都是同时掉在地上的。如果是这样的话，那两个铁球也应该是同样的原理。可是，戒缘师叔说过不要用正常的思维去考虑，那自己想到的答案就不是正确答案。释然再一次被难倒了，连胜三局的小花高兴到不能自持，连连说改日上山一定要将这件事情告诉师父。

再一次回到龙泉寺，戒缘师叔早已经等在院子里了，见到释然回来就立刻问道："释然，这次小花出的题目你想到了吗？"

"没有。"释然撅着嘴回答道。

"哦？这次是什么题目，说来听听。"戒缘师叔没想到释然又没有回答出来。

释然将问题复述了一遍，戒缘师叔想都不想地就回答说："当然是同时着地啦，曾经还有一个十分伟大的科学家做过这个实验呢！"

"这个答案我也想到了，可是你不是说不能用正常的思维去思考吗？所以我觉得这个答案是错误的。"

听到释然的回答，戒缘师叔的嘴巴张了合，合了又张，最终哭笑不得地对释然说："我真得感谢小花，幸好她不是问'我和你同时从悬崖跳下，谁先着地'，否则，我就得陪着你去跳崖了。哈哈哈……"戒缘师叔的笑声令释然感到莫名其妙，但是紧接着戒缘师叔又继续说道："你一定在怪我为什么教你这样思考的方法，自己却不去遵循。可是傻孩子，世间万物岂是处在不变之中呢？遇事要晓得随机应变才是呀！"

说完，在释然的头上轻轻拍了两下，似乎在问询释然的小脑袋开窍了没有。

消失的绿豆糕

果然，没几天小花就上山来了，并且将她与释然之间的"机智问答"游戏原封不动地告诉给了大家，把大家笑得前俯后仰。为了回报给大家带来快乐的小花，释行紧接着将释然回来模仿牛转圈以及戒缘师叔打趣他的话也统统说了出来，引得大家又是一阵哈哈大笑，只有释然红着一张脸，恨不得找个地缝钻进去。

也许是无聊的寺院生活太缺乏笑料了，所以这件事一直被大家笑了好几天。直到另一个好消息传来，大家才将这件事情告一段落。这个好消息就是王二要出远门了，在出远门之前他曾到龙泉寺祈求佛祖保佑他平安，因为这是他第一次坐火车，生怕自己出什么意外。同时王二还许诺大家，如果平安归来，一定给大家捎礼物。

不知道是不是"礼物"在作祟，接下来的一段日子里，释然每天念经时都会顺便祈祷一下王二平安归来。其实释然更愿意承认自己是心怀慈悲才为王二进行祈祷的，因为仔细想来，王二这个人除了有抽烟喝酒这些佛祖不喜欢的嗜好外，其他地方还是不错的。

或许是佛祖听到了释然的祷告，王二平平安安地回来了。一进龙泉寺，王二就将自己在外面的所见所闻告诉了大家。王二说火车特别特别长，跑起来"轰隆轰隆"地响，起初王二还以为要地震了，吓得差点钻到座位底下去。说着，还将自己当时的样子还原了一下，大家都被他那缩头缩脑的样子逗得哈哈大笑。

讲完了自己的所见所闻，王二从袋子里拿出了一个纸盒子，是他带给大家的礼物，还未打开包装，大家就闻到一股香甜的味道。一定是好吃的了，释然看了看释行，这个小馋猫已经两眼放光了。

在众人期待的眼光中，王二将手中的盒子打开。在打开的那一刹那，王二原本笑容满面的脸变得有些难看起来。原来王二给大家带的礼物是绿豆糕，据说是他所去的那个地方的特产小吃，结果没想到经过一路的颠簸，绿豆糕已经碎成渣了，王二在打开盒子时又不小心撒了一地，盒子中只剩下三块完整的绿豆糕。

王二没有想到自己的一片"好心"居然碎成了渣，不晓得佛祖会不会怪罪自己，他站在院子里一副欲哭无泪的样子。师父见状只好安慰他道："施主的一片佛心佛祖已经感受到了。所以施主不必为此介怀了。"说完，师父将仅剩的三块绿豆糕恭恭敬敬地供奉在佛祖前，然后又将掉了一地的渣子清扫起来，放到了小界的饭碗中。看着小界将碗里的绿豆糕渣舔得干干净净，坐在一旁的释行恨不得自己也变成猫，只可惜他永远也变不成猫。

然而更加折磨人的不是大家没有吃到绿豆糕，而是吃不到绿豆糕还要时刻闻着它香甜的味道。因为师父将绿豆糕供奉在佛祖面前，大家在佛堂里念经的时候，绿豆糕的香味儿总是不合时宜地钻进大家的鼻孔里，不要说嘴馋的释行，就连释然都觉得自己肚子里的馋虫已经打起架来。晚上躺在床上睡觉时，释然甚至都梦到自己尝到了美味的绿豆糕。

因为这个梦做得太过甜美，第二天一早释然是被释恩师兄揪着耳朵从被窝里面拎出来的。一进佛堂释然就发现了一个严重的问题，绿豆糕少了一块。显然大家都发现了这件事情，而师父正一脸铁青地坐在蒲团上。难道是自己梦游，真的将绿豆糕吃掉了？释然心里打着鼓，坐到了自己的蒲团上。

早课结束后，释行也被叫到了佛堂里。

"是谁偷吃了绿豆糕，主动承认，为师可以考虑不重罚他。"师父的表情少有的严肃。

对于自己是不是真的梦游，释然无从考究。如果不是自己，那会是谁呢？释然忽然想起前一天夜晚时分，释行曾在睡觉前走出过禅房一次，过了很久才回去。释然问他，他只说自己去上厕所了。难不成是释行？释然在心里猜测着，他转过头偷偷看了一眼释行，释行一脸没睡醒的样子，丝毫看不出任何端倪。

"师父，昨天王二施主走后，我就跟着戒严师叔去斋堂为大家准备斋饭了。然后就是跟大家一起在佛堂里打坐念经。晚上听您讲完经，我就回禅房睡觉了，再也没有出来过，所以不是我偷吃的。"释恩师兄见大家都不说话，只好率先表明了自己没有"作案时机"。

接着释果也为自己辩解道："师父，我虽然一个人清扫过佛堂，可是我可以对着菩萨起誓，如果是我偷吃了绿豆糕，我就变成一个连路都走不动的大胖子。"大家都知道释果最介怀的事情，就是他是个胖子这个事实，所以诅咒自己变成个大胖子，可见释果师兄很可能真没吃绿豆糕。

现在就剩下释然和释行两个人了。经过释恩和释果的辩白，释行才发现供台上的绿豆糕少了一块，也明白了此刻师父正在"捉拿"那个偷吃绿豆糕的"馋嘴贼"。于是不等释然开口，释行就连忙为自己辩解道："师父，肯定不是我，我就算去抢小界的食物，也不会偷吃佛祖的东西的。"

现在就剩下自己了，释然看看释行，释行的样子完全不像是在说谎，大家都没有偷吃，难不成真的是自己？可是自己也不确定，于是只好用蚊子叫般的声音说道："师父，也不是我。"

面对大家集体不承认的局面，师父很是生气地说道："既然都不承认，那就罚你们不许吃饭，直到偷吃的人承认为止。"

师父很少惩罚大家，集体惩罚还是第一次。如果没有人承认，就要集体饿肚子了。大家你看看我，我看看你，似乎都在对对方说："快点承认吧，别连累大家。"可是等了许久也没有人承认。

眼看着吃早上斋饭的时辰已经过了，大家的肚子都饿得"咕噜咕噜"响，释行已经快哭出来了。再这样下去可不是办法，释然想：大不了自己承认好了，一个人挨罚，总比大家都挨罚的好。

经过强烈的思想挣扎，释然终于鼓起勇气对师父说："师父，是我偷吃的。"但没想到佛堂的另一端也传来了一模一样的话语，而且是同时响起，是释恩师兄，他们竟异口同声地承认了是自己偷吃的。

这个局面师父也没有料到，他看了看释然，又看了看释恩，皱着眉头问道："到底是谁？"

"是我!"释然和释恩再次异口同声地回答道。释果很快也明白了是怎么回事,于是紧接着说:"师父,其实是我,你惩罚我吧。"

看着大家都承认是自己,释行埋怨大家道:"难道是你们三个一起偷吃的?为什么不分给我一点呢?"

就在大家为释行的话哭笑不得时,戒严师叔抱着小界走进了佛堂,"师兄,真正的偷吃者在这里,不是他们几个。你看,证据还在它嘴上呢!"说着,戒严师叔将小界放到了师父的面前,师父一看,可不是,小界的胡须上还沾着绿豆糕的渣呢!

"哈哈……看来是我冤枉我的几个徒儿了,该受到惩罚的原来是我。就罚我不准吃午饭吧。"说完,师父就闭着眼睛打起坐来,不论大家怎么劝说,就是不肯去吃午饭。最终的结果是,这次原本不愉快的集体惩罚,反倒成了大家心甘情愿的节省与修行。

生米，熟饭

释然常听到上山来的香客赞美山上的景色，白天山上层林清秀，细流淙淙，恍如仙界幽境。但是到了晚上，山上本就人烟罕至，除了龙泉寺透露出的微光，基本可以说是伸手不见五指。再加上深山里时不时传来几声野兽的叫声，绝对堪比任何一个恐怖片的场景，所以龙泉寺的僧人们很少在夜晚出门。

但凡事总有例外的时候，这天下午释然与戒缘师叔到后山采药，结果迷了路。而且这天又是阴天，根本无法辨别方向。更惨的是，随身携带的干粮也吃完了，最后两个人只好饿着肚子坐在原地等。等什么呢？戒缘师叔说："等菩萨。"

当夜幕降临时，一轮圆月升上了天空。戒缘师叔拍着大腿，高兴地说："释然，走吧，菩萨来接我们了。"说完站起身，将僧袍上的尘土拍掉。原来戒缘师叔所说的"菩萨"是指月亮，然后根据月亮的方位来判断龙泉寺的方向。果真是经常外出游历的人，换成自己一定想不到这样的办法，释然在心里对戒缘师叔赞叹道。

　　走在弯曲又狭窄的小路上，释然心里很是慌张，脚也跟着发软，接连摔了两个跟头。就在释然摸着摔痛的屁股打算休息一下时，忽然听到隐隐约约传来"呜呜咽咽"的声音，像小孩儿哭了却被人捂住了嘴。这突如其来的声音将释然吓了一跳，顾不上摔痛的屁股，连忙蹭到戒缘师叔的身旁，央求道："师叔，我们快走吧。"

　　没想到戒缘师叔却打算去探个究竟，一时间释然面临着两个选择：一是跟着戒缘师叔一起去，二是原地等待。释然衡量再三后，觉得还是跟着戒缘师叔比较安全。于是两人深一脚浅一脚地循声找去，终于在一个大坑旁找到了声音的来源。

　　因为深山里总有野兽出没，所以猎人布置了很多陷阱，龙泉寺里的僧人常在山中走动，自然知道哪里有陷阱，哪里是安全的。但是对于偶尔离开洞穴出来觅食的动物而言，这些危险都成了未知数。

　　借着微弱的月光，释然看清是一只小狐狸掉进了猎人的陷阱里。这是一只还未成年的小狐狸，个头和小界差不多，释然猜它一定是趁妈妈不注意自己偷跑出来的。一看到有人出现，小狐狸那双晶亮的眼睛里立刻流露出求助的目光。作为出家人，又怎么能见死不救呢？于是释然与戒缘师叔合力将小狐狸救了上来，小狐狸的腿被猎人的夹子夹伤了，流了很多血，释然连忙将自己的衣服撕下一块帮小狐狸止住血，然后带着小狐狸回到了龙泉寺。

　　当释然和戒缘师叔二人抱着一只狐狸，满身是血地出现在龙泉寺内时，大家着实吓了一跳。等看清身上的血不是来自二人时，大家又都松了一口气。戒严师叔稍微懂一些跌打损伤的救治方法，所以释然将小狐狸放到了戒严师叔的房里。看着躺在桌子上的小狐狸，戒严师叔不停地摇着头，最终说了一句："这骨头都断了，死马当活马医吧。"然后便敷上消炎止痛的药、拿夹板固定、再包上纱布。

那一晚，小狐狸就在院子里小界的窝旁边睡了一夜。释然起初还会担心小界会欺生，没想到小界根本不在乎院子里又多了一个陌生的"朋友"，依旧像往日一样跃上房顶优雅的散步。

第二天下了早课，释然来到小狐狸身边，察看它的伤势恢复得如何，但是似乎并没有什么进展。"师叔，你说小狐狸这条腿能保住吗？"释然问正在给小狐狸换药的戒严师叔。

"我看啊，除非奇迹发生。"戒严师叔下了定论。

"那就是好不了。"释然有些莫名的难过。

"谁说的？"戒严师叔忽然回过头来问释然。

"你啊！你刚刚说除非奇迹发生。"释然有些怀疑戒严师叔时不时得了短暂性的失忆症。

"我是说除非有奇迹发生，但是也没有说好不了啊。"戒严师叔说。

"可是奇迹的概率可以小到忽略不计啊。"释然在这个问题上跟戒严师叔杠上了。

戒严师叔见释然一脸的执拗，只好换了个方式说服释然，就是命令释然帮他烧火做饭。

这一直都是释恩师兄的工作，因此释然做起来有些手忙脚乱。将生米放到锅里后，释然就在戒严师叔的指挥下，一会儿添柴，一会儿煽火，一会儿加水，忙得释然满头大汗。之后，一阵米饭独有的清香从锅里飘了出来。

　　饭熟了。看着一大盆颗粒饱满的米饭，戒严师叔对释然说："你看，让生米变成熟饭，这不就是奇迹的发生吗？"

　　看着释然不甚了然的样子，戒严师叔又继续说道："之所以能发生这样的奇迹，全有赖你不停地加柴烧火，如果你因为累而中途放弃，那这奇迹就发生不了了。"

　　这一次，释然彻底明白了，奇迹能不能发生，关键还要看自己的努力。有了戒严师叔这句话，释然更加用心地照顾起小狐狸来。不到一个星期的时间，小狐狸居然能够一瘸一拐地跟小界在院子里追蝴蝶玩了。又过了几天，小狐狸居然可以撒欢地奔跑了，完全看不出曾经受过伤的样子。真如戒严师叔所说，奇迹会发生。

贴商标的苹果

随着一段时间的相处，释然觉得小狐狸都已经成为自己生活的一部分了，但是师父说过，"天下无不散之筵席"，小狐狸终究还是要离开的。一个阳光明媚的清晨，他们将小狐狸送回了山里。小狐狸的突然离开，让每天都习惯于照顾它的释然有些空落落的感觉。该找些事情做以填满忽然空下来的内心才是，释然忽然想起了一个人——住在后山寺庙里的小和尚能忍。

与能忍的初次相遇，是释然与戒缘师叔去后山采药。第一次到后山，释然半是兴奋半是对未知世界的担忧。那趟采药之旅，释然虽然没有收获到药材，却意外地认识了当时正在山里洗菜的能忍，并且还到能忍修行的寺院——天水寺做了一回客。

想来自从那次分开，两个人便再也没有见过面，正好今天寺里也没有什么活计，自己为什么不去拜访一下朋友呢？释然在寺里找了一圈，也没有找到师父的身影，只看见戒严师叔在寺后的田地中除草，于是对师叔说："师叔，我想去拜访一下朋友。"

戒严师叔除着草，头也不抬地问："是去看小花吗？我听李施主说小花出远门了。"

"不是小花，是后山天水寺里的一个小和尚。"释然接着又将自己与能忍相识的过程告诉给了师叔。师叔听后，很赞成释然去拜访朋友，并从口袋中掏出了一些钱，放到释然手上说："去拜访朋友，不能空手而去，你拿着这些钱买些礼物吧。"

释然揣着钱来到小镇上，转了一大圈，也不知道该买些什么好。这时，忽然听到一声吆喝："新鲜的大苹果，今日刚到的货。"买苹果倒是个不错的选择，这样想着，释然走到了水果摊上。卖水果的老板姓刘，平日里龙泉寺的水果都是从刘老板这里买的。

在刘老板的水果摊上有两种水果。一种是贴有标签的，一种是不贴标签的。根据刘老板的说法，这贴了标签的水果是进口的，也就是从外国买回来的，不贴标签的水果是我们国家自己生产的，所以贴标签的水果要比不贴标签的水果贵一些。

师叔每次来买水果都会买不贴标签的水果，因为是给自己人吃，不需要那么讲究。但是释然这次是拜访好友，该买哪种水果呢？刘老板似乎看出了释然的犹豫，问道："小师父，你是买来自己吃还是送人啊？"

释然脱口而出："送人。"

"那你就买这种，有包装，送人比较好看一些。"刘老板说着，将一盒贴有标签的苹果摆放在释然面前。

释然拿起来端详了一番，这盒里的苹果不但各个贴着印有外国字的标签，而且看起来都是一般大小，跟平时戒严师叔买的有大有小的苹果不一样，确实比较适合当礼物送人。"那好吧，就这个吧。"释然爽快地做出了决定，虽然在掏钱的那一刻释然有些许心疼，但是送这个体面的礼物，释然心里还是很满足的。

拿着苹果，释然很快就到了天水寺。能忍正在院子里清扫，看见释然进来，扔下笤帚就跑了过来，虽然只有一面之缘，但是在这深山老林里交上朋友，那可是值得珍惜的缘分，所以释然的到来让能忍高兴极了。释然连忙将自己手中的礼物送上，能忍显然也没有见过这么好的苹果，连连道谢后，说道："我要赶快洗一些给佛祖吃。"说完，便将苹果拿到了斋堂中，然后放在水中仔细清洗起来。释然见状，连忙在旁边帮忙。

然而，在撕掉苹果上的标签的那一刻，释然原本很愉悦的心情顿时沉了下去，因为几乎每个标签下面，都有一个疤。能忍也看到了，但是依旧不动声色地清洗着，释然感觉自己全身的血液都集中到了脸上，整个脸蛋红得发烫。明明自己是想送一个体面的礼物，却没料到苹果是坏了。万一能忍误会自己心不诚，那可怎么办？释然想要解释，却又不知道从何解释起。

不大一会儿，能忍就将苹果洗好了，然后从中挑出了一个最好的苹果，恭恭敬敬地放在了佛祖的面前。然后又挑出了一个比较好的，给他的师父送到了禅房中。最后挑出一个大的给释然，自己拿了一个小的吃了起来。

"嗯，释然，你买的苹果真是又脆又甜，太好吃了。"能忍一边吃着，一边对着释然夸奖道。能忍的情绪很快感染了释然，两个人边吃边聊起天来。从每天自己在寺里都做些什么，到寺里都会来一些什么样的香客，还有自己通过师父学习到的佛法故事，两人宛如多年的知己一样有说不完的话。

不知不觉中，太阳就偏西了。释然连忙向能忍告辞，一路小跑回到了龙泉寺。回来的第一件事情，就是对师兄弟们说了自己的"遭遇"，并且再三叮嘱大家，以后一定不能买刘老板家贴了商标的苹果。

事情过了三四天后，王二提着一篮新鲜的水果来上香了，看着那一篮通红诱人却贴着商标的苹果，释然忍不住在心里说王二不识货。但当撕掉商标时，他愣住了，王二送来的苹果虽然也都贴着商标，却一点伤疤都没有。释然对自己从天水寺回来后对刘老板的大肆批评有些内疚了，看来并不能以偶尔的一次事件就去否定一个人，释然在心里拿起一个苹果，放在菩萨面前，默默地想着。

释然上学堂

李三上山捎话来，他的女儿小花升入了高中，特地邀请释然到她的新学校参观。

对于学校，释然一直心存向往。虽然跟在师父身边，释然学习了不少知识，但他还是想体验一下真正的学校环境。在他们师兄弟四人中，只有释果上过小学。据释果所言，在学堂内，每天都有不同的老师给学生们上课，所讲的内容也不同。不过释果最感兴趣的是下课时间，因为可以跟许多同学一起做游戏。但释果没有上过高中，不知道高中的学堂是什么样的。

在师父的允许下，释然跟着小花来到了小镇上的高中学堂。那天，释然特地找出了一件最新的衣服穿在身上，但是当他一身僧衣出现在学堂里时，还是引起了不少学生的关注，这让释然好不自在，偷偷看了一眼身边的小花，小花倒是一脸无所谓的表情，释然顿时也放松了不少。

小花的学校还真不小，有三层楼高。有教室，还有食堂，尤其那卫生间是又大又漂亮。参观一圈后就到了小花的上课时间，释然本打算就此离开，但是小花却执意让释然听完一节课再走。既来之则安之，释然看着小花期盼的眼神，点了点头。

这节课正好是语文课，讲课的是一个头发稀少、戴着眼镜、留着胡子的老头，如果仔细看，还有那么一点点像师父。而且讲课的方式也像师父一样，什么书都不拿，站在讲台上就开始滔滔不绝地讲起故事来。

故事的名字叫《为学》，听起来像是讲有关于学习的事情，内容却讲的是两个和尚的故事。故事中，一穷一富两个和尚都想要去南海，其中富和尚一直打算雇船去南海，但是一直没有去成。所以他认为穷和尚也一定去不了南海。却没想到穷和尚只带了一个水瓶和一个饭钵就出了门，并且在一年以后，顺利从南海归来。

语文老师讲得声情并茂，一堂课很快就结束了。在回去的路上，释然反复琢磨这个故事，为什么富和尚那么有钱，能够雇船去南海，却迟迟没能去成南海，而穷和尚只带了一个水瓶和一个饭钵就去了南海？看似可以成功的人却失败了，而看似不可能办到的人却成功了？这不就是老师在最后说的那句话吗？人在学习的时候没有容易和困难之分，用心去学了，即便是难题也会变得简单，但如果不去学，那么简单的题也会变成难题。

想着想着，释然忽然想到了自己，这段时间自己一直以毛笔不太好用为借口迟迟不肯练字，原本打算在这个月底就抄完的经书，也因为这个理由而迟迟没有抄完，这样想来，自己岂不就跟故事里的富和尚一样了吗？

回到寺里，大家连忙将释然围在中间，七嘴八舌地问有关学堂的一切，"释然，学堂里是男生女生坐在一起上课吗？""释然，讲课的老师长什么样子？""学堂有多大，有龙泉寺大吗？"……

释然一一回答了大家的询问，还将自己在课上听到的故事分享给大家。最后，他特地强调了学堂的卫生间虽然又大又漂亮，但没有龙泉寺的茅房打扫得干净，听到这里，大家都会心地笑了。终于，大家没有问题了，释然连忙走进自己的禅房，拿出笔墨纸砚练起字来。

"释然，怎么不等买到新毛笔再练字了啊？"师父突然走了进来，问道。

"师父，不等了。"释然像下了很大决心似的，回答师父。

"哈哈，看来这学堂是没有白去啊！"听了释然的回答，师父笑着离开了。

满镇花香

学堂之旅算是圆了释然的一个梦想，这让释行羡慕不已。释行很小便被送进龙泉寺，据说是因为家里太穷了，养活不起他，所以才请求师父收他为徒，因此释行从来没有进过学堂。别看现在的释行一副大大咧咧的样子，刚进龙泉寺时，他就像是一只受惊的小猫，不敢跟任何人说话，只有在没有人的时候才会偷偷地问释然："你们会不要我吗？"每每想到释行那时候的眼神，释然的心都会痛一下。不过好在随着年龄的增长，释行变得越来越活泼了。

"师兄，你最喜欢什么季节？"释行双手撑着圆嘟嘟的脸蛋，仰着头问释然。这个问题释行已经问过很多遍了，可他似乎总是忘记。

"我最喜欢秋天。"释然深吸一口气后回答，鼻子还能隐约闻到从寺院后面飘过来的菊花香，那是师父精心培育的菊花，这些天已经全部开放了。不仅师父每天都要走过去看一看，事实上，龙泉寺里每一个僧人都会抽空去一趟师父的花田里，看一看那些开得绚丽多彩的菊花，闻一闻那沁人心脾的花香，似乎这一天的劳累都不复存在了。

就连来龙泉寺上香的香客，都忍不住问这菊香的来源。

后来，询问渐渐演变成了索要，释然也记不清是谁先开的口了，好像是刘大娘，又好像是王二，也好像是李三的女儿小花……总之，释然记得那天师父从花田中选中了一株开得最艳、枝叶最繁茂的菊花，把它从地里连根挖了出来，送给了那人，那人欢欢喜喜带着花回到家后，消息就不胫而走了。从那以后，每天上山来的香客里总有一两个人向师父开口要花。而师父从来都是来者不拒，因为在他眼里每个人都跟他很亲近，都是与佛有缘之人。

渐渐地，释然站在寺院里时再也闻不到那迷人的花香了。于是内心开始滋生出不满来，不满山下的村民们总是上山来要花，也不满师父不懂得拒绝，原本属于寺院的菊花现在只剩下一两株了，原本姹紫嫣红芬芳四溢的花田，现在望去一片凄凉。可能大家也发现了这些，所以很长时间都没有人再开口向师父索要菊花，而师父也把更多的心思放在照料那两株菊花上。

这天，许久没有到龙泉寺来的苏大娘忽然上山了。苏大娘第一次上山的情形释然还记得，那天是正月初一，一年中第一次为众生祈福的日子，苏大娘却在这个时候提出要剃度出家，结果她在寺里住了一晚后自己想开了。那一次，释然得知苏大娘是大学的哲学教授，很是后悔没有与苏大娘谈论下佛法，这一次再见到苏大娘，释然一定要将上次的遗憾弥补回来。然而，苏大娘此次上山的目的可不是谈论佛法，而是向师父要花。

苏大娘的孙女小兰是个爱花之人，自打春暖花开，小兰几乎每天都会采一些漂亮的鲜花放在佛前，然而释然有段时间没见小兰上山了。

"小兰倒是很挂念你呢。"苏大娘看见释然后，对他说。

"多谢小兰施主挂念，最近怎么没见她来龙泉寺呢？"释然问道。

"她呀，整天蹦蹦跳跳的，把脚给扭伤了。那天你刘大娘去探望她，提到住持师父种了一块花田，听得她两眼直放光。这不，我经不住她的哀求，只好上山一趟，看能不能向师父讨一两株，拿回去栽种在我家的院子里。"苏大娘说。

"啊！"释然一方面为小兰扭伤了脚自己却不知道而感到惭愧，另一方面为师父仅剩的那两株菊花感到惋惜，看来师父辛苦大半年的劳动果实将要"颗粒无收"化为乌有了。

"苏施主来得真是正好啊，贫僧的花田里就剩下两株啦，你再晚来一步恐怕都没有了。"师父打趣道，那语气仿佛是市井里卖花的花农一般。

"是嘛，那我可要赶紧去看看，万一去晚了，怕是看都看不到了。"苏大娘一边笑着，一边跟着师父向寺院后面的田地里走去。

此刻，师父的花田里只有两株盛开的正灿烂的菊花，与周围一片绿油油的田地相比，十分不相称。苏大娘没有想到自己会看到这样一幅荒凉之色，连忙双手合十念道："阿弥陀佛，善哉善哉。"然后转身就要离开。

"苏大娘，您不挖一株回去吗？"释然不解地问道，每一个上山来讨菊花的人不都是这样的吗？赞叹完后，就立刻动手挖起一株，然后心满意足地离开。

"我已经挖好了。"苏大娘笑着说。

释然看着苏大娘空空的两只手，哪里有菊花的影子，她分明还没有挖，怎么说自己挖好了呢？

"它在这里。"苏大娘说着，用手指了指自己的心口方向。释然瞬间明白了苏大娘的意思，心里生出无限感激。

苏大娘离开后，释然对师父说："如果每个人都像苏大娘这样通情达理就好了，这样龙泉寺的花香味儿就不会消失了。"

"哈哈……徒儿啊，做人不能这样小气。如果菊花只是种在龙泉寺，那只有龙泉寺有花香，等你下了山就闻不到了。可是现在呢，菊花已经种满了整个小镇，今后不管你走到哪里都能闻到花香了。"师父说完，对释然露出了一个意味深长的笑容。

忽然间，释然觉得像师父这样大方，也挺好的。

太阳照不到的地方

又是忙碌的一天。今天释恩师兄和释果师兄出门帮师父办事了，寺里只剩下释然和释行两个小徒弟。

早晨打扫完院子、收拾好大殿门前的香炉后，释然又将整个供桌供台及上边的香炉都擦得干干净净。以往释行被指派的都是最轻省的活计，但是今天人少活多，释行也意识到了自己肩负着"重大的使命"，于是也很卖力地干活。看着他撅着小屁股跪在地上擦地的样子，释然从来没觉得释行这么可爱过。

午后，释然蹲在大树的阴凉下洗脏衣物，小界蜷卧在一旁养神。这个小界，冬天的时候就会找太阳晒得最好的地方睡觉，但是到了夏天就会找有阴凉的地方睡觉，甚至树下都已经成了小界的专属"睡床"了。释然正对着小界感叹，释行也端着一盆水，凑到了释然面前，原本就不大的地方顿时变得更加狭促了。

"释行，你就不能换个地方洗衣服吗？"释然对释行"侵占"自己的"地盘"颇为不满，上午还觉得释行可爱，现在觉得那个爱捣乱的小家伙又回来了。

"只有这块地方阴凉地最大呀，别的地方都放不下我，会把我晒中暑的。"释行指着院子，振振有词地对释然说。仿佛这个院子中但凡还有一处阴凉，他也不愿意跟释然呆在一处。

释然一看，果真如此，偌大的院子中只有这一处阴凉最大。太阳啊，你怎么不少照一些地方呢？释然抬头看着刺眼的太阳，寻找答案。忽然间，他的头脑中电光火石般出现一句话："佛光就犹如这院中的阳光一样，普照到施主。"

这句话是前一天师父对着一位中年的女施主说的。

那位女施主也算是龙泉寺的常客，每次来寺里都会捐很多的香火钱，但同时也会跟师父聊很久。据说那位施主有一位做官的丈夫，可能是树大招风的缘故，总有一些人嫉妒他们，然后通过各种手段举报或是揭发她丈夫的一些行为。有一次这位施主惊慌失措地上山来，请求佛祖的庇佑，因为有人在她家的门口放了一只血淋淋的死老鼠，吓得她好几天不敢出门。

这一次，好像是她的丈夫被人写匿名信揭发了，遇到了一些麻烦。释然不懂得什么叫做匿名揭发，只是从这位施主的脸上看出，这件事情非同小可，因为她来的时候一脸愁容。拜完菩萨后她就一直拉着师父说话，仿佛对佛祖不太放心，为了宽慰她，师父指着院子对那位施主说："佛光会像院子里的阳光一般，普照到施主。"

那位施主听后，终于放心地离开了。

当时站在他们身后的释然听到这句话，还觉得师父这句比喻实在太精妙了，但是现在却发现不是那么回事，因为不管太阳光再怎么强烈，也总有照不到的地方，比如墙角处、树根旁，难道是师父在敷衍那位施主吗？

从来未对师父的言论产生过怀疑的释然心不在焉地将手中的衣物洗完，然后来到正在打坐的师父身边，小心翼翼地问道："师父，您昨天说佛光就如院子的阳光一样，可以普照到那位施主。可是今日徒儿发现，院子里也有阳光照不到的地方，那还怎么保佑那位施主呢？"

听了释然的问话，师父点了点头，似乎对释然的观察力很满意，然后睁开微闭的双眼，看着眼前的菩萨，一字一句地说道："如果想被阳光照耀，就只有站在庭院中间。如果一味地躲在角落里，佛也没有办法啊。"

杂耍表演

刘大娘上山来告诉了大家一个好消息，小镇上来了杂技团，就在街上表演，所以邀请龙泉寺的僧人们一同去观看。常年深居在山中，僧人们的娱乐活动少得可怜，所以一听到这个消息，释行就一蹦三尺高，嚷嚷着："师父，我想看！师父，我想看！"

释然也想看，只是他不会像释行那样大声喊出来，而是静静地在心里等待着师父的回答。可是师父仿佛故意逗大家一样，说话比平时足足慢了半拍："为师认为……这是个千载难逢的好机会，所以，不如我们大家一起去看看吧。"师父的话音刚落，大家就激动地鼓起掌来，释然那颗悬着的心也放下了。

一行人很快便来到了小镇的大街上，远远地就听见喝彩声。大家连忙加快脚步，生怕错过精彩的内容，就连一向爱吃的释行也对街边的糖葫芦视而不见了。来看杂耍的人还真不少，里三层外三层的，释然要使劲儿踮起脚尖，才能将里面的表演看清楚。

此刻正在表演的是"胸口碎大石"。只见一个壮汉躺在石板上，他的搭档搬起一块差不多有五寸厚的石板放在了壮汉的胸口上，然后举起手中的铁锤，向壮汉胸口上的石板砸去。伴随着人群发出的惊叹声，那块厚石板碎成一块一块的，散落在地上。紧接着大家拼命鼓起掌来，并发出阵阵喝彩声。躺着的壮汉一个鲤鱼打挺，从石板上跳下来，然后拿起一个破纸箱，一边说着"谢谢"，一边走向人群开始收钱。当然收钱并不是强制性的，而是自愿的，给多给少或者不给都可以。

这时释然注意到，那个站在他身边的男子一直在不停地摇头，仿佛对刚才的表演很不满意。

"施主，您觉得不好看吗？"释然不解地问道，这人既然不爱看，为什么还要站在这里呢？占着靠前的位置，其他想看的人都看不到，比如身材比较矮小的释行。

"没有啊，我觉得很好看。"那人回答道。

"那施主为何一副闷闷不乐的样子？"释然越发觉得这个人奇怪了。

"我只是在想，为什么那个大锤没有将下面的人砸死呢？"

听到那人的回答，释然竟一时语塞，不知道该说些什么了，只好专心看表演。

接下来表演者变成了一个猴子，猴子显然是经过了良好的训练，举手投足之间都像极了人，那滑稽的样子引得大家不住地哈哈大笑。不一会儿，释然发现这个猴子还有个绝活，那就是走钢丝。

小猴子在耍猴人的牵引下走上了钢丝，它一副很小心的样子，一步一步地向前走着。忽然猴子脚下一滑，差一点从钢丝上掉下来。

引得周围人群一阵惊呼，但是小猴子马上又保持了平衡，并且还向大家挥了挥手，那可爱的样子瞬间又将人们逗笑了。释然注意到，那位站在自己身边的施主仍旧是一副不甚开心的样子，就连师父都被逗笑了，这个人怎么还不开心呢？

"小师父，你说它怎么就没掉下来呢？"这一次那人主动对释然说道，还未等释然回答，那人又自言自语道："真是没意思。"说完，就背着手离开了。

杂要表演结束后，天色已经有些晚了。释然觉得自己的双手鼓掌鼓得太多都红了，释行更是兴奋得小脸通红。在回去的路上，释然向师父提到了那个一直都没有笑的人，师父长吁了一口气说："将自己的快乐寄托在别人身上，他怎么能得到真正的快乐呢！"

释然看看释行一路走着一路踢着路边的石子，居然也玩得十分开心，似乎明白了师父说的话，也明白了那个人为什么不快乐。

偶遇虐猫事件

大家走着走着，忽然传来一群孩子的欢呼声，释行忍不住循声望去，紧接着就发出了"啊"的一声，释然回头一看，几个小孩子正在折磨一只非常小的猫。他们将绳子拴在小猫的身上，然后飞快地奔跑，可怜的小猫根本跟不上孩子们的速度，没跑几步就向前翻滚了过去，接着整个身子贴着地面，被绳子拉着前行，拖行在坑坑洼洼的石子地面上，小猫的身体很快就被磨破了。它努力地想把套在脖子上的绳索弄掉，却无济于事。

孩子们终于跑累了，释然以为他们会放过小猫，没想到他们想出了更加残忍的方式，一手牵着绳子，然后原地打转。小猫很快由于惯性的原理"飞"了起来，由于被绳子勒着脖子，它痛苦地闭上眼睛。

释然再也看不下去了，大喊了一声"住手"，然后跑上前去拉住了还在旋转的小孩儿，小孩儿停下来了，小猫也随即重重地跌落在地上。对于释然的出现，几个孩子十分生气，指着释然质问道："你是谁呀？又不是你的小猫，别多管闲事！"

"小猫也是条生命，这样残害生命会得到报应的。"释然尽量让自己语气平和地劝说道。

"什么报应啊？我才不信呢！"小孩子们都不吃释然这一套，将他的话当做耳旁风。释然欲上手将拴着小猫的绳子抢过来，却遭到几个小孩的推搡。就在释然思量着是不是要还手之际，戒严师叔及时走了过来，他从口袋里掏出了几元钱，然后对那些孩子说："这样吧，这只小猫我们买下了行不行？"

几个孩子一看连忙抢过钱，将小猫扔下就跑开了。释然将已经奄奄一息的小猫捧在手中，看着小猫脖子处被绳子勒出的血痕，心里难过不已。"师叔，我们救救这只小猫吧。"释然对戒严师叔说道。

此刻大家也都围了上来，看到小猫紧闭着眼睛，肚子一鼓一鼓的，鼻子里不断喷出清涕来，还带着一些血丝。释行忍不住哭泣起来，用他那双微胖的小手轻轻地抚摸着小猫的头部，似乎这样就能减轻小猫的痛苦一样。

"看这小猫的伤势，恐怕咱们也是回天乏术呀。"戒严师叔叹着气说道。

"阿弥陀佛，善哉善哉。"师父看着可怜的小猫，双手合十念着法号。释然明白，这只小猫恐怕是没救了。果然，小猫很快就没有气息了。

就在这时，忽然从一扇门中冲出一个老者，老者看着释然手中的小猫立刻呈现出一副气急的样子，伸手就打起释然来，嘴里还骂着："身为出家人，你怎么能这么欺负一只小猫呢！它才刚刚出了满月呀！简直是太残忍了！"

释然一看老者误会了自己，连忙为自己辩解道："施主，不是我害了你的小猫，是我救了它。"然而，处在悲伤情绪中的老者怎么也不相信释然的解释，"你还狡辩？我刚发现我的小猫不见了，出门就看见它已经死在你的手上了。"接着老者又不分青红皂白，将矛头对准了师父："你是怎么管教徒弟的？眼看着他杀生？"大家眼看着师父被责骂都十分气愤，但看师父一言不发，师兄弟们也不敢开口反驳。

老者将自己的一腔怒火发泄完毕，就从释然手中抢过已经死去的小猫，呜呜咽咽地哭着离开了。

之前看杂耍的好心情，瞬间就消失到九霄云外，原本还有说有笑的气氛，也瞬间降至冰点。就这样一路无语地走回到了龙泉寺，释然的心情糟糕透了，为什么自己明明做了好事，却要无故被冤枉，为什么师父明明知道不是自己害死的小猫，却不替自己辩解？

释然的不快师父丝毫不差地看在了眼里，"释然，你一定在责怪师父为什么不替你辩解对吗？可是你想过吗，我们辩解有用吗？"师父问释然。

"也许不管用，可是解释了总比不解释好吧。就算那位老人不会感谢我们，至少也不会冤枉我们了。"释然回答道，然后又忍不住抱怨道："最可恶的是那群孩子，那样残忍地虐待小猫！那个老者也真是糊涂！"

"释然哪！"师父的语气忽然变得严肃起来，"我们僧人做事情凭的是自然的本心。如果你认为是好事才去做，并且妄图让别人感激你，那即便你做的是好事，也变得不是好事了。"师父说完，一手放在背后，一手捻着佛珠走了。

吃藕的启示

初秋是吃藕的季节，但释然只知道世间有藕，并不知道藕长什么样子，是什么味道。师父的故事中，曾经讲到过藕，说藕长在很深的淤泥里，本身却不受淤泥的侵扰，很有君子之风。因此，释然很想尝一尝如此有气节的食物，会是怎样一种味道。只是小镇地处北方，释然一直没有机会见到藕，更不要说吃了。

这天，戒严师叔下山采购回来，给大家带回来一种新鲜东西，就是藕。小镇上第一次卖藕，大家都不知道怎么吃，所以菜贩进回来的藕眼看就要滞销了，正巧戒严师叔经过，于是菜贩半是施舍半是处理，将藕卖给了戒严师叔。当戒严师叔背着半麻袋藕回到寺里时，释行看着藕的外皮上满是泥巴，还散发着一股臭泥味儿，连忙捂着鼻子，一脸嫌恶地说："师叔，您怎么买这么脏这么臭的东西回来吃呢？"

"哈哈，释行，你不要只看它的外表。去，到斋堂把我的菜刀拿来。"戒严师叔心情很好，又继续说道："这藕可是个好东西，我还是到南方云游的时候吃过一次，那清脆，至今难以忘记啊。所以今天在集市上看到了就想买回来给大家尝尝，原本以为会很贵，没想到老板根本卖不出去，所以就被我捡了个便宜。"

说话间，释行已经将菜刀拿过来了。戒严师叔又拿来了一盆水，将一节藕放在清水里洗了洗，那些泥巴便纷纷掉下。接着，戒严师叔又用刀轻轻地将藕外面那一层薄薄的外皮去掉，瞬间露出里面雪白剔透的内瓤。

"哇，好白呀！"释然和释行都忍不住凑上前去赞叹道。

"不但白，而且味道还不错呢！"戒严师叔笑着说。

中午的斋饭，戒严师叔就证明了他的言辞。切成薄片的藕入口清脆回味甜爽，吃完后大家都意犹未尽，戒严师叔见状，眼睛早已经笑成了一道缝。

下午时分，释然到半山腰去担水，意外地在水洼中发现了一些田螺。有时候释行担水，就会从水塘里捉几只田螺回去玩，他把田螺放在地上，然后等着田螺露出触角，就用手去抓田螺的触角。但是释行从来没有成功过，因为他一碰到田螺的触角，田螺就会把触角缩回体内，不然就干脆躲进硬壳里，无论释行如何焦急地呼唤，都不再出头了。如果捉几只回去给释行，释行一定会非常开心的，这样想着，释然捡了两只田螺，放在了水桶里。

果然，释行一看自己有了"玩具"，开心得不得了。这一幕正巧被路过的戒严师叔瞧见了，"释行啊，你说莲藕又臭又脏，其实这田螺还不比莲藕干净呢！"戒严师叔指着释行手中的田螺说道。

"怎么会，我看挺干净的呀！"释行举起手中的田螺对着阳光左看看，又看看，除了颜色是黑的，外壳还是很光滑的。

"不信？你把它放到水里，我有办法让它现出原形。"戒严师叔卖了个关子。

等释行将田螺放到水盆中后，戒严师叔点了一点香油在水里。不一会儿，原本清亮的一盆水立刻变得十分浑浊。原来，在田螺看似干净的外壳里，还隐藏着不少泥垢。

"师叔，为什么明明田螺有坚硬的外壳，还有一个小盖子，却吃了这么多的脏东西，但是莲藕的皮那么薄，身上还布满了窟窿，却能够不受污泥的侵染呢？"释行皱着眉头问道，他不敢相信，表面光滑被自己视为"好玩伴"的田螺，实际上还没有那些满身泥巴的莲藕干净。

"外界的环境虽然对事物有一定的影响，但是却不是绝对的。莲藕外表脆弱，却能够出淤泥而不染；田螺虽然外表坚硬，但是内心软弱无法抵御污泥的侵蚀。所以，不管外界环境如何，成为什么样的人，还是取决于你自己。"戒严师叔说完，双手合十，打着佛号离开了。

"师兄，我不想再跟田螺做朋友了！"释行望着还在不停地往外吐黑泥的田螺，对释然说道。

"那你就得负责将它原路送回。"丢下这句话给释行后，释然转身向佛堂走去。

"啊！为什么是我？"释行望着释然的背影问道，只是他始终没有得到任何的回应。

说"不"

　　由于戒缘师叔一次买回了太多的藕，所以接下来的一个星期里，龙泉寺的僧人们顿顿斋饭都离不开一样食物——藕。释然觉得自己的脸都快吃成藕色的了，这莲藕固然是好吃，而且戒严师叔也总能变化出不同的制作方式，可是连续这么多日顿顿都吃，释然感觉自己真的吃腻了。

　　时近中午，趁着戒严师叔正在准备斋饭之时，释然悄悄走到戒严师叔身边，试探地问道："师叔，咱们中午吃什么？"戒严师叔回头一看是释然，吃了一惊，因为平时这个问题都是从释行嘴里问出来的。但随即就恢复了正常，回答道："糖醋莲藕。"

　　"啊？"这是释然最不愿意听到的答案，"咱们能不吃莲藕了吗？都已经连续吃了一个星期了。"释然尽量让自己的语气听起来可怜一些。

　　"那不行，我买了那么多，不赶快吃掉就会坏掉，那样就等于浪费，会损了福报的。"戒严师叔一本正经地回答道，语气不容置疑。

"可是……"

释然的"可是"还没有说出来，戒严师叔又接着说道："释然，去接受自己已经厌倦的事物，并重新喜欢上它，也是种修行哦。"

这一下，释然彻底无言以对了，作为僧人，自己怎么能拒绝跟修行有关的一切事物呢，所以自己只能坚持下去了。看着释然挂着一张苦瓜脸坐在院子里，释行抱着一大盆衣服走了过来。

"师兄，我的好师兄，你就帮我洗洗衣服吧。"释行央求释然道。看着释行攒了一堆的脏衣服，释然无奈地摇了摇头，自己这个小师弟什么时候能不这么贪玩儿呢。见释然不为所动，释行又开始撒娇道："师兄，如果我一个人将这些衣服洗完，那胳膊会累断的。"释行嘟着嘴说道，还把他的胖胳膊伸到了释然的面前。

"这么粗的胳膊，我觉得再多洗一倍，也不会断。"释然反驳释行道。话虽这样说，释然还是忍不住帮助了释行，一来自己确实喜爱这个小师弟，二来让释行一个人洗这么多衣服，虽然都是他自己的，释然还是会心疼。

帮着释行洗完衣服，时间就到了中午。斋饭果然还是藕，戒严师叔没有骗自己，这恐怕是释然生平第一次希望自己被骗。释然看得出来，其他师兄弟也吃得很勉强的样子。

"释然，拜托你帮我个忙，帮我值下殿，我有事要下山去。"释果师兄一脸哀求的对释然说，面对释果师兄的请求，释然很想拒绝，可是释然一想到平日里释果师兄对自己的照顾，又不好开口拒绝了，只好默许。

坐在空无一人的大殿中，释然有些懊悔起来，自己本该在午休的。现在可好，帮释行洗了半天的衣服不说，还要守在这里值殿，如果自己当初拒绝就好了。可是，戒严师叔说过，去接受自己不喜欢的事物也算是种修行。想到这里，释然只好安慰自己道："就当是做修行吧。"

不过很快释然就发现自己做错了。

下午时分，师父将大家都叫到了一起，然后用严厉的眼神看着大家，问道："今日是谁负责打扫茅房？"

大家都纷纷摇头，释然猛地想起，是自己，而自己这一天帮完释行帮释果，完全将自己的工作给耽误了。看来只能倒霉地认罚了，释然低着头从人群中站了出来。

师父没想到玩忽职守的人竟然是释然，语气立刻柔软了半分："刚才有香客向我投诉说茅房太脏了，并质问我佛门净地该如此污秽不堪吗？你说为师该怎样回答？"

"师父……是我忘记了。我……"释然觉得自己百口莫辩，但又不得不为自己辩解一下，"我上午帮释行洗衣服，中午帮释果师兄值殿，所以……"

"帮助别人是好事，但是也要将自己的工作完成才是。"

"没……没时间……"释然的声音越来越小，就像是蚊子在哼哼。

"那你为什么不拒绝呢？"师父问。

"我也想拒绝，可是戒严师叔要我把这当做修行。"释然回答说，戒严师叔在旁边听得直瞪眼睛，怎么也没想起自己什么时候这样教过释然。

"徒儿啊，'接受'是种修行，但学会'拒绝'也是种修行啊！

为了弥补你的过失，接下来一星期，厕所的卫生都由你负责吧。"师父说完，返回佛堂打坐了。

释然一边用心清扫着厕所，一边回想着这一天发生的一切，虽然做了很多事情，又被师父责罚，却似乎也收获了什么。

天堂和地狱

　　戒缘师叔来到龙泉寺后，曾经开过两节讲经课，第一节课讲的是关于前世今生的内容，第二节课讲的是西方的极乐世界。这两节课十分精彩，不光是龙泉寺里的僧人，就连小镇上的居民都听得津津有味，两节讲经课下来，大家纷纷询问戒缘师叔什么时候再给大家上讲经课？

　　讲经课如此受欢迎是戒缘师叔始料未及的事情，就连师父都打趣道："果然是外来的和尚会念经呀。"戒缘师叔对于大家的夸赞很是不好意思，为了回报大家的厚爱，近日他决定再开一堂讲经课。只是这次讲什么内容呢？这个问题可难住了戒缘师叔。

　　"要不咱们也来个现场问答吧。"释然提议道。释然记得自己曾经在王二的家中看到过电视机，当时电视机里面在演一个节目，就是下面的嘉宾在现场提问一些问题，坐在台上的人随机应变进行回答。

　　这种方式对于讲经者而言可是个不小的挑战，一来考验讲经者的思维反应能力，二来对讲经者的知识储备要求也很高，因为谁也不知道来者会问多么刁钻古怪的问题，一旦回答不上来，就会降低讲经者在大众心中的威信。

释然只是随口一提，并没有想到戒缘师叔居然一口答应了下来。"师弟，这可是个不小的挑战啊，三思而后行。"师父发话道。

"师兄，我们每日念经打坐，是在提高自己的修行。去挑战自己的极限，何尝不是一种修行的方式呢。"戒缘师叔劝慰师父道。听到戒缘师叔这样说，师父认同地点了点头。

到了讲经课那天，小镇上的居民们早早地就来到龙泉寺，挑选好最佳位置等待戒缘师叔讲课。释然因为下山去担水回来晚了，竟然都占不到好位置了，不禁在心里对戒缘师叔的受欢迎程度表示羡慕。

讲经课就是按照"现场提问"的方式进行的，释然在心里默默为戒缘师叔捏着一把汗，祈祷着千万不要有人故意出一些刁钻的问题来问戒缘师叔。没想到怕什么来什么，第一个人问的问题就让释然觉得难以回答。提问者是小镇上卖猪肉的张屠户，前两节讲经课张屠户都没有参加，后来听闻讲经课十分精彩，所以这次他也来听听看。张屠户说自己常年杀生，别人都说他将来死了会下地狱，所以他问戒缘师叔的问题是："天堂是什么样？地狱又是什么样？地狱是不是真的有十八层那么夸张？"之所以这样问，他只是想万一以后真的会下地狱，至少有个心理准备。

张屠户的问题一问出，大家就悄声议论起来。有人说："天堂的路都是黄金铺成的，里面的人不愁吃喝用度，每天都是快乐无忧的。而地狱的路都是钉子铺成的，就是为了惩罚那些作恶的人。"还有人说："张屠户常年杀猪，他死后会进入地狱，然后来世变成猪，也要任人宰割。"

面对大家喋喋不休的议论，戒缘师叔盘坐在佛堂前的蒲团上，一手放在胸前，一手转动着佛珠，没有给出任何答案。渐渐地，人群的议论声变小了，最后便没有了，大家都等着戒缘师叔的回答，可戒缘师叔一直一言不发。

张屠户等得有些失去耐心了，大声地又问了一遍："戒缘和尚，你倒是说话呀！我问你天堂是什么样，地狱又是什么样？"

对于张屠户的再一次提问，戒缘师叔就像没有听见一样，仍旧一动不动地坐着，释然等得都有些着急了，难道戒缘师叔被这个问题难住了？这个问题确实不好回答，因为谁也不知道天堂和地狱究竟是什么样子，所以怎样的回答才能让大家信服还真是个难题。

见戒缘师叔仍不作答，张屠户有些生气了，指着戒缘师叔说道："你这个和尚，到底是知道还是不知道，让我们大家来听讲经，随便问问题，却又一言不发，你是故意在令我难堪吗？"

然而，戒缘师叔只是渐渐地睁开双眼，嘴角露出一丝微笑，还是没有回答张屠户的问题。在张屠户的眼中，戒缘师叔这一微笑似乎就是在嘲笑他的无知，因此立刻火冒三丈，也顾不得院子里还坐着许多乡里乡亲，对着戒缘师叔就大声咒骂起来。

等张屠户骂累了不再骂时，戒缘师叔看着他的眼睛，说道："施主，刚才你就身处在地狱之中。"

霎时，张屠户惊愕不已，待他反应过来时，顿时对戒缘师叔这个外来的和尚肃然起敬，并对自己先前的行为懊悔不已，为了表示自己的歉意，他深深地给戒缘师叔鞠了一个躬。

"施主，这就是天堂。"戒缘师叔对着已经一脸诚恳表情的张屠户说道。

话音刚落，院子里就响起了持续不断的掌声。释然长长地舒了一口气，不禁对戒缘师叔的应变能力佩服得五体投地。

录音机引发的矛盾

释恩和释果吵架了，而且差点大打出手。虽然释然也见过几次大师兄和二师兄之间出现争执，但这次绝对是最厉害的一次。看着已经在佛堂里跪了四个时辰的两位师兄，释然忍不住想：这都是因为王二。

事情要从三天前说起。那天王二来龙泉寺拜佛，同时还拿了一件稀罕玩意儿——录音机。在此之前，大家只有去小镇上时偶尔会听见一些店里飘出音乐的声音，却从来没有见过录音机。在龙泉寺里唯一的"电器"就是师父那台破旧的收音机，偶尔大家会用它来听听新闻，有时候运气好，还能在广播里听到《大悲咒》等佛教音乐，但是这样的时候太少了。因此，当王二将录音机拿出来时大家都一窝蜂般围在了王二身边，见此景的王二得意地合不拢嘴。

"师父，我专门到省城的音像店里买了几盘佛教音乐的磁带，您看看。"说着，王二从随身的包里拿出磁带来，放在师父的手中。

然后又继续解释道："只要将磁带像这样放到录音机里，再按下播放键，就能听了。"大家看王二演示着，果然，在王二按下播放键时，旋律优美的《大悲咒》就从录音机里传了出来。

"师父，以后我们每天都能听《大悲咒》了吗？"释行踮着脚尖，昂着头问师父。

"哈哈，不错，不错，以后我们龙泉寺就音乐不断了。"师父摸着胡子，笑着回答释行。

当天，龙泉寺里一直飘荡着《大悲咒》《心经》《南無阿弥陀佛》……释行每隔一会儿就趴到录音机旁边看一看，嘴里自言自语道："它这样一直唱，不会累吗？"那天真的模样令大家忍俊不禁。

后来，大家觉得只是白天放在佛堂里听音乐不过瘾，想办法说服了师父，每天晚上上完晚课，大家可以轮流着将录音机拿到自己的禅房里继续听。

矛盾就在这时候产生了。第一天录音机被拿进了释恩和释果的房间里，两个人都想将录音机放在自己的床头。释恩师兄给出的理由是自己的床离电源更近一些，方便使用。但是释果认为自己的床更加靠近里面，这样在播放音乐的时候不会吵到大家。他们两个人各执一词，谁也说服不了谁。最后一言不合推搡了对方，一不小心碰到了录音机，录音机被重重地摔在了地上。

大家听到声音后连忙跑进释恩和释果的房间里，将马上就要打起来的二人拉开了。师父没有过多地责备他们，而是让他们跪到佛堂前对着菩萨反省。

然后，四五小时过去了，释恩和释果从天黑跪到天亮，谁也没有主动向对方开口认错。为此，释然在心里着实为他们捏了一把汗。后来师父将释恩和释果二人唤出龙泉寺，带到田地里。

　　大家之前种的庄稼都已经有一人多高了，师父指着释果种的向日葵，问二人道："你们看这些向日葵为何低着头？"

　　"这……"释恩和释果你看看我我看看你，谁也说不出个所以然来，因为前几天那些向日葵还是抬着头接受着阳光普照的。

　　"向日葵抬着头，是因为它只有接受阳光的普照才能成熟结果，但如果向日葵的头一直朝上，里面多余的雨露就排不出来，就很容易滋生细菌，那么它还没到收获时节就会霉烂掉。而它选择在快要成熟的时候低头，不但能够有效地避免被折断的危险，而且还会让前来寻食的鸟儿找不到着力点，从而保存了自己好不容易长出的果实。做人也是如此，不可无傲骨，但也不能总是昂着头。能低者，方能高；能曲者，方能伸；能柔者，方能刚；能退者，方能进。"师父一席话说完，释恩和释果都低下了头。

释恩的噩梦

对于那场由录音机引发的矛盾，释然除了担心两位师兄受到师父的责罚外，最担心的就是录音机被摔坏了。不过还好，收音机只是多了一道划痕，丝毫不影响大家继续听音乐。这天，释然和释行一边坐在佛堂外听《大悲咒》，一边等着外出的释恩师兄回来。

释恩师兄帮戒严师叔下山买菜去了，但是都傍晚了他还没有回来，大家很是担心，戒严师叔更是急得在院子里团团转。终于，在月亮升上树梢时释恩师兄回来了。原来他在小镇上看到刘大娘家正在买煤，就顺便帮刘大娘将煤都抬进了院子里，因此耽误了回寺的时间。本来帮助刘大娘是件好事，可是释然发现释恩师兄的眼睛总是躲闪着大家的目光，似乎在隐瞒什么。

夜里，释然睡得正香，忽然被"啊"的一声大叫惊醒，听声音像是从释恩师兄的禅房里传来的，释然正欲起床看个究竟，结果又没有动静了。不一会儿，佛堂里传来了木鱼声，并且一声急促过一声。这敲木鱼的人心里怕是有什么苦闷了吧，释然想着想着，重又进入梦乡。等他再次醒来时,天际已微露鱼肚白,佛堂的木鱼声也已经消失了。

估计一会儿师父的木鱼声就该响起了,释然穿上衣服,洗漱完毕后就向佛堂走去。释恩师兄已经坐在佛堂内打坐了。

"师兄,你今天起得可真早啊!"释然对着释恩说道,他原本以为自己会是第一个呢。

"我不是早,是已经在这里坐了一夜了……"释恩说道,声音里满是惆怅。

看来昨晚那急促的木鱼声出自释恩师兄之手了。"师兄,你有什么心事吗?从昨天晚上回来你整个人都不太对劲。"释然关切地问道。

"昨晚我着急赶回寺中,但是天黑路滑,我不小心踩到了一个软绵绵的东西,然后就听见'唧'的一声,当时我也并未多想,但是晚上躺在床上时,回想起那一幕忽然心里一惊,我踩到的东西软绵绵的,还发出了叫声,越想越觉得是一只青蛙,说不定青蛙的肚子里还怀着小青蛙呢,这样我就等于杀生无数了。我越想越害怕,躺在床上翻来覆去,久久无法入睡,好不容易睡着了,却又做了个噩梦,梦里菩萨说我犯了杀戒,要将我逐出师门,我就吓醒了。这个梦让我心里烦躁不已,所以只好来佛堂念经静心了。"

"现在天已经亮了,师兄为何不去看个究竟呢?或许这一切只是你自己的揣测呢。"释然劝说道。

"我怕万一真的是青蛙,那我的罪过可就大了。"释恩很为难,既想探出个究竟,又怕自己接受不了现实。

"如果你不去看，那这一生你都要被这个问题困扰了。"

听了释然的话，释恩站了起来，向门外走去，释然紧跟释恩师兄来到昨夜的"事发现场"。只见一只被踩扁了的西红柿躺在地上，这恐怕就是释恩师兄所说的青蛙了吧。

"啊，原来我自己手中的西红柿掉在地上，又被我不小心踩到了。哈哈哈……"看着那个已经被踩烂的西红柿，释恩大声地笑了起来。

等他们有说有笑地走回龙泉寺时，师父已经坐在佛堂内了。释恩将所发生的一切原原本本地告诉了师父。

"徒儿，我们修行是为了什么？"师父问道。

"这……"释然和释恩一时间不知道该如何回答了。修行不是为了成佛或者说为了成为大师吗？这样的话他们能说出口呢？

见二人不说话，师父又继续说道："我们修行，是为了忘却情念。如果说释恩以为自己踩死了青蛙，那天亮一看却是西红柿；如果说是西红柿，那释恩一整夜都误以为自己踩死了青蛙。你们能说清他究竟是踩了什么吗？修行禅定，必须忘却情念，不要顾虑重重，否则定会自找苦头，正所谓'天下本无事，庸人自扰之'啊！"

师父一席话毕，开始敲起第二遍木鱼。

对与错

小镇上一户人家家里失火，男主人只救出了儿子，妻子不幸被烧死了。

每一个上山拜佛的人都会将这件事情再说一遍，然而每个人所说的版本又不尽相同。释然总结了一下，大致分为两个版本：

第一个版本是：这个男子本就与妻子感情不好，所以才对妻子见死不救，为的就是妻子死后自己再娶一个。

第二个版本是：这个男子与妻子感情很好，本想先救妻子的，结果因为儿子抱住他不肯撒手而耽误了时间，导致妻子被烧死。

当这个消息传到龙泉寺后，不管究竟是哪一个版本，大家心里都感到十分悲哀，集体为那户不幸的人家诵经半天。

就在释然快要将这件事情遗忘时，那户人家的男主人来到龙泉寺，身后还跟着他刚满五岁的儿子。男子满脸胡茬，眼神无光，比起释然上次见到他时仿佛老了十岁。而他那五岁的儿子原本也是个可爱伶俐的孩子，现在却多了一份不符合他年龄的忧郁。想必他们一定是在为死去的亲人难过吧，释然想。

男子一进佛堂就跪在菩萨面前："大慈大悲的菩萨，请你告诉我，我究竟是做对了还是做错了？"接着，声泪俱下地将失火那天的情景说了一遍，内容却不同于释然之前听到的那两个版本。

原来，那日失火，男子在情急之下先将距离自己最近的儿子救出了火场，当他将儿子放到安全的地点打算再次返回救妻子时，房子已经在大火的吞噬下倒塌了，他的妻子也因此葬身火海。事后，人们纷纷议论，有人说他做得不对，认为孩子可以再生一个，妻子却不能死而复活，说他为了一个不足五岁的儿子就弃发妻于不顾，实属薄情寡义之人。有的人却说他做得对，说孩子是自己亲生的，老婆没了，他还可以再娶一个。

众人的议论让他也对自己的行为产生了怀疑，就连五岁的儿子都受到影响，觉得妈妈是因为自己才死掉的。为此，原本十分活泼伶俐的孩子变得沉默寡言，经常对着妈妈的遗像说对不起。

"师父，我到底是做对了还是做错了？如果做错了，佛祖会宽恕我吗？"男子望着师父问道。

"贫僧想知道，在火灾发生的那一刻，你是怎么想的？"师父问道。

"当我赶回家时，房子已经在熊熊烈火中了，我连忙冲进火里，看到我儿子躺在门口，就连忙将他抱出来了。当时，我什么都没来得及想。"男子回答。

"施主，很多事情并没有对错之分。如果你当时稍有迟疑或是太在意别人的看法，或许你谁也救不了。"

师父的话并没有解开男子的心结，他依旧愁眉不展地说："可是大家并不这么想，我知道他们很多人都在背地里说我是故意将我妻子烧死的。苍天可鉴，我和我的妻子伉俪情深，若不是孩子还需要有人抚养，我真恨不得与她一起葬身火海。"

"曾经有一个男子就与你一样。他跟自己的儿子牵着一匹瘦马走在回家的路上，被路人瞧见了，那人便说：'看这一对父子真傻，有马不骑，偏要走路。'男子一听，就让自己的儿子骑上了马，他牵着马走。接着又遇到一个路人，这个路人说：'这个儿子真不孝顺，居然自己骑马，让年迈的父亲走路。'男子一听，于是让儿子下了马，自己骑了上去。他们继续向前走，又碰到一个路人，那个人说：'这个父亲太过分了，自己骑马，让幼小的儿子走路。'男子一听，自己怎样做也不对，干脆父子俩一起骑在了马上，心想：这下别人该没话可说了。结果快到家门口时碰到一个人，那人说：'这父子俩太没同情心了，马都这么瘦了，还要两个人一起骑。'这男子一听，只好又恢复成最初的样子，与儿子二人牵着马走回了家。"

师父讲完这个故事，顿了顿又继续说道："施主，悠悠众口，我们不能决定别人说什么，但是我们可以决定自己听什么，如果你总是活在别人的言论里，还怎么找到自己的生活呢？"

最后，那对父子带着满意的答案离开了。夜晚，大家都去休息了。只有释然还坐在佛堂中敲着木鱼念着经，那木鱼声久久回荡在寺院中，就像小镇上那些久久不能消散的流言蜚语。大家总是认为伤人的是利剑，殊不知，口中说出去的话语有时候比利剑更能伤害他人。

释然想：今后自己说话更要谨慎才是，千万不可将话语变为利剑去伤害他人。

参透了这个道理，释然才回到自己的禅房休息。

小界生病了

　　这天夜里，整个龙泉寺都笼罩在静谧中，似乎这夜静得有些不同寻常，就连平日里总爱在房檐上散步的小界也不知道跑到哪里去了。

　　释然做了个梦，梦里小界被一个不知名的怪物吞到肚子里，他想要去救它，怪物却突然消失了。释然情急之下睁开了眼睛，窗外已经透出微亮的光，虽然那只是个梦，但是担心小界的心情此刻无比清晰。

　　秋天的山上，昼夜温差很大。打开房门那一刻，清晨的风拂面而来，一种久违了的凉意顿时袭遍释然全身，空气里混合着山里浓重的雾气和庄稼地里泥土的味道沁人心脾。"天气又要冷了。"释然裹紧身上的僧衣，喃喃自语道。大家都还没有醒来，院子里静悄悄的。释然找遍了寺院里的每一个角落，都没有看到小界的身影。就在他准备放弃寻找时，小界迈着轻盈的步伐从大门口走了进来。整个龙泉寺除了师父和师叔，也就只有小界敢这样明目张胆，不分昼夜随便进出龙泉寺了。

　　释然走到小界身边，宠溺地抚摸着它。这家伙不晓得到哪里玩了一夜，身上全是褐色的泥巴。可能因为玩得太累了，小界并未理会释然的爱抚，自顾自地走到佛堂内，找了个角落打起呼噜来。释然望着蜷成一团的小界，无奈地摇了摇头。有时候释然会怀疑，小界一定是故意在佛堂里睡觉，为的就是锻炼大家的修行。

小界也去睡觉了，偌大的寺院中，就只剩释然一个清醒的人了。为了打发这段无聊的时光，释然拿起立在大门旁的扫把，仔细地扫起地来，天气变凉了，树叶已经开始飘零着落下。释然刚扫完一遍，过一会儿又落下几片，于是释然又扫一遍。如此几遍后，师父起来了，接着大家也起来了。坐在佛堂里上早课时，释然感觉自己的内心无比平静，怪不得师叔常说"扫地即扫心"呢。

大家吃过早上的斋饭后，小界也睡醒了，看着浑身泥巴的小界，大家都建议给它洗个澡，不然它总是这样脏兮兮地进出佛堂，是对菩萨不敬。释然觉得这个提议不错，于是找来一盆水，几个人合力将挣扎的小界放到水中，三下五除二就将小界洗了个干干净净。但是释然忘记将小界身上的水擦干净了，下午时他发现小界生病了。

它先是一个喷嚏接着一个喷嚏地打，然后像人一样流出了鼻涕，最后干脆卧在地上一动也不动了，身上像冬天烧过的木炭一样滚烫滚烫的。

小界竟然也会生病，而且还发起烧来。这是龙泉寺的僧人们无论如何也想不到的事情，他们始终以为只有人才会生病。小界这一生病可急坏了大家，就连平日里总是看不惯小界在佛堂睡觉的释恩此刻也很心急。小镇上只有给人看病的大夫，没有给猫看病的大夫，可大家不能眼睁睁地看着小界生病而不管，最终不知谁提议给小界吃一些人吃的退烧药。

退烧药找来了，怎么让小界吃进去成了难题。

释恩建议掰开小界的嘴将药灌进去，但是被释然否决了。释然认为这样的方法太强硬了，小界已经生病了，应该得到更温和的对待。

释果建议将药拌在小界吃的饭里面，这样小界吃饭的时候就顺便将药一起吃下去了。大家一致认为这是个不错的主意，可是没想到小界对拌了药的饭看都不看一眼。释果的计划也失败了，还白白浪费了一袋退烧药。

就在大家围着小界感到束手无策时，释行忽然跳起来说自己想到了一个办法。只见释行拿起一袋退烧药，分别洒在了小界的两只爪子上。一向爱干净的小界看到刚洗干净的爪子被弄脏了，连忙伸出舌头来，将两只爪子添了个干干净净。释行再次将退烧药倒在小界的爪子上，小界再次以同样的方式舔进嘴里。如此几次，一袋退烧药就这样全部被小界吃进了肚子里。

末了，释行像拿着战利品般拿着那个空了的退烧药袋子，在各位师兄面前狠狠地炫耀了一番。看到每个人都由衷地对他竖起大拇指，释行别提有多骄傲了。

第二天，释行还是用同样的方式喂药给小界，可是小界似乎早已经预料到了一样，说什么也不肯将爪子从肚皮下面伸出来。

"唉，看来再好的办法也有失效的时候。"释行嘟着嘴巴耸了耸肩，无奈地说道。好在小界已经退烧了，痊愈应该指日可待了吧。

浮云大师

近日来，到龙泉寺拜佛的香客特别多，释然问师父原因，师父也不是很清楚。有香客到来，众僧人势必不敢怠慢，释然师兄几个连续几天整日在佛堂为香客诵经，释恩释果已经跟着师父修行多年，所以并不觉得累，释然则把这当作自己的修行，唯有释行，第一天还觉得自己积累了功德，然而三天下来，就哭喊无聊了。

早饭过后，香客们陆续走进了寺院。释行却躲在禅房中说什么也不肯出来，于是，师兄们开始轮番劝说。先是释恩，他对释行说："师弟呀，作为出家人，拜佛诵经是我们的职责所在，岂有逃避之理？"大师兄一开口，就一副谆谆教导的口吻。可释行根本不理这一套，或许在他的大脑里还没有"责任"二字的概念。

大师兄败下阵来，接着二师兄上场了。"释行，你要好好表现，这样师父才会喜欢你，喜欢你才会给你好吃的。"二师兄决定用美食引诱释行，因为释行的贪吃可是出了名的。释行听了，偏着脑袋想了想后，一脸不屑地回答说："师父一直都是最喜欢我。"他那自信程度令释果一时之间都不知道该如何是好。

释恩释果都没能说动释行，他俩把希望都寄托在了释然身上。其实释然也没有把握，这个小师弟平时受到大家的宠爱太多了，总有些任性。但是如果他缺席诵经，被师父发现了必会受到责罚，与其到时候心疼他，不如现在先劝说一下他。

"释行，你不愿参禅诵经，那就无法成为大师了。"释然打算用"权力"来说服释行。平日里，寺院里的任何一个人都可以管教释行，释行唯一能管教的就是小界，而小界还总是不服管教，为此释行也曾苦恼过。所以，释然认为，或许"权力"能说服释行。

听了释然的话，释行低下头想了一会儿，就在释然认为要成功的时候，释行抬起头对释然说："那什么时候能成为大师呢？"然后未等释然回答，又补充说道："我每日都跟着师父参禅诵经，什么时候能成为师父一样的大师呢？"释行显然对这件事情认真了，其实这个问题已经在他的心里酝酿很久了，他早就想找师父确认一下，却又怕被师父责骂，正巧今天被释然提了出来。然而，释行的问题却把释然问住了。什么时候？释然怎么会知道呢？

见释然一下子回答不出来，释行泄气地说道："我每天吃斋念佛，从我记事起就在做这件事情，可是又有什么用呢？连什么时候能成为大师都不知道。"

就在释然努力搜索答案的时候，禅房的门被戒缘师叔推开了。戒缘师叔不算龙泉寺里正式出家的和尚，所以不必在佛堂为香客诵经，但他还是会时不时地过去看看，没想到今天到了诵经的时辰却迟迟不见几个小徒弟出来，于是走到禅房来一探究竟，还没进门，就听见了释行问释然的问题，不禁在门外哑然失笑，不过他还是决定点化一下这个调皮的小鬼。他站在门外，对释行说："释行，你看天边的那朵云，多么漂亮啊！"

释行在好奇心的驱使下，连忙跑出来看，一看果然漂亮，在蔚蓝的天空中，那朵云就像是盛开的莲花，于是随声附和道："嗯，真的很漂亮！"

接着他又指着寺院中那盆正在怒放的芍药说道："你再看那盆花，开得多灿烂啊！"释行顺着释缘师叔手指的方向望去，那盆前两天还含苞待放的芍药不知什么时候已经开放了，花瓣上的露珠在清晨的阳光下闪耀着光芒，看起来格外好看。"是呀，开得可真漂亮！"释行忍不住跟着赞叹道，他不明白师叔为什么一会儿让他看云，一会儿让他看花，但这总比三位师兄在自己耳边不停地唠叨好。

其实，释然也不明白戒缘师叔的葫芦里卖的什么药。"释行，既然你不想为香客们诵经，那你就陪着师叔在寺院里走走吧。"只要别让自己在佛堂里一坐坐一上午，其余做什么都行，释行几乎没有考虑就答应了下来。

一上午的时间很快过去了，香客们也陆陆续续地到斋堂享用戒严师叔做的斋饭去了。释然一走出佛堂，就看见了随戒缘师叔回来的释行，不知道他们一上午都去做了什么，释然在释行的脸上看不到任何不耐烦和疲倦，反而神采奕奕的，于是连忙走上前去，提醒他们二人该去用斋饭了。

当走到禅房前时，释然听到戒缘师叔问释行："释行，刚才那朵美丽的云朵呢？"

　　释行没料到师叔会突然问起这件事，连忙抬起头在天上找起来，可是哪里还有那朵云的影子呢？

　　接着戒缘师叔又问道："释行，刚才那盆漂亮的花朵呢？"

　　释行连忙又向花朵的方向望去，在正午的骄阳下，花朵早起的娇艳已不复存在，一副无精打采、垂头丧气的样子。

　　"这就是过眼云烟啊！"戒缘师叔说道，他看了看释行，又看了看刚走过来的释然，接着说："你们纠结于什么时候成为大师，我像你们这么大时也曾想过这个问题。现在看来，不过是过眼云烟而已。"

　　释行终于不耐烦地对师叔说："师叔啊！它们总这样千变万化的，让我怎么办呀！难道说，一切都是过眼烟云？"

　　师叔看着释行毫无耐心气急败坏的样子，忍不住发笑摇头："唉！释行啊！不能总是着眼外表啊！浮云走了，湛蓝的天空依旧，花儿谢了，是去安心培育它的果实。这些才是亘古不变的宇宙真理啊！"

　　师叔的一番教诲，释然已有所领悟，转头观察释行，也见释行低头煞有介事地皱眉沉思，嘴里不住地嘀咕："大师，美丽，浮云，蓝天，果实，哎呀！算了算了！玩儿去喽！"

师叔做贼

　　每晚睡觉前，师父都会给大家讲一些经文里的故事，这是释然一天中最期待的时光。全院的僧人一起围坐在佛堂内，沏上一壶茶，对坐而饮，那场景别提有多惬意了。自从戒缘师叔来到龙泉寺后，师父常常把讲故事的"权利"让给戒缘师叔，因为戒缘师叔从年轻起就游历四方，肚子里面的故事比释然吃的米粒都多。他讲的故事往往比师父讲的故事更能吸引大家。

　　这天，又轮到戒缘师叔讲故事了。"师叔，能给我们讲点新鲜的故事吗？"师叔还没开口，释行这个小鬼头就拽着师叔的衣袖问道。

　　"新鲜的故事？什么样的故事才算是新鲜的故事呢？"师叔问道。

　　"就是讲一讲发生在你身上的故事。你去过那么多地方，肯定会发生很多事情，给我们讲一个惊险刺激的吧！"释行说。

　　戒缘师叔逐个看向大家，发现大家的眼中也跟释行一样充满了期待，于是爽快地答应道："那好吧，我就给大家讲讲我一次做贼的经历吧。"

"做贼？"戒缘师叔还做过贼？释然以为自己听错了，但看戒缘师叔的样子，又不像是跟大家开玩笑。

"记得那是我第一次离开寺院出远门，年龄也就释然这么大。因为举行过成人礼，心里总觉得自己是个大人了，非要出来闯闯也长点见识。可是当我真的走在大路上时，心里还是不免有些害怕。这时，我碰见一个比我稍微年长一些的年轻人，他似乎对佛法很感兴趣，于是我们结伴而行，一路上聊得很是投机。

"天色渐晚时，男子到了家，并且极力邀请我在他家住宿一晚。当时我也有些害怕走夜路，于是就同意了。岂料睡到半夜，忽然听到了一些窸窸窣窣的声音，睁开眼睛一看，一个黑影正在翻我的包裹。当时我的第一反应就是小偷进来，为了不使留宿我的主人家财产遭受损失，我鼓足勇气喊了一声'谁'，那人就被我吓得扑通一声跪倒在了地上。

"借着月光我看清了那人的长相，原来竟是留宿我的那名男子。他将我留宿在他家，就是为了盗取我的东西。想到自己还曾对他感恩戴德，我不由得有些生气，拿起自己的包裹准备离开，但是转念一想：佛祖让我遇见他，不正是让我来解救他的吗？

"于是我又放下包裹对他说：'我一个穷僧人，能有什么值钱的东西？你如果要做，应该去做一桩大买卖。'

"那名男子显然也没有预料到我会这样说，他愣了许久后，上来握住我的手，说我们是同道中人，并追着问那大买卖是什么。"

"师叔！你怎么能这样呢！你难道不知道吗，依照法律，遇到贼人要举报，否则，就算私下窝藏都算同案犯，你还给他主动介绍大买卖！你这不光是同流合污，更是助纣为虐！……"释恩沉不住气，忽地站起来愤恨地说。

戒缘师叔对于释恩师兄的不敬并没有放在心上，而是继续讲道。

"我对那个男子说，在他的身上有终生享受不尽的东西，并问他想不想要。那名男子一听，连忙点头。此时我一改温和的样子，抓住他的衣领大声对他说：'让你终身享受不尽的东西，就在你的怀里。'"说着，戒缘师叔做出抓着人衣领的样子，仿佛那个人此刻就站在他面前。大家都被戒缘师叔这一举动给逗笑了。

"我接着又对他说：'父母给了你一颗至纯至善的心灵，你却要自甘堕落，做这等偷鸡摸狗的事情。'那人一听，顿时恍然大悟，跪在地上向我磕头致谢，同时向我保证，以后再也不做这等龌龊之事了。"

大家听到这里，忍不住鼓起掌来，既为师叔的勇气，也为师叔那番铿锵有力的话语。故事讲完了，大家陆续回房休息。躺在床上，释然半天无法入睡，他在想，假如今后自己遇到贼人怎样劝解，光是一味地批评斥责也许会遭遇抵触逆反，说不定最后自己还会被贼打一顿。但是如果自己能够适当地站在对方的立场上多角度考虑问题，也许更能为他指明今后的方向。

方便善法

"释然，寺里的粮食不多了，用过斋饭，你跟我下山一趟。"一大清早，戒严师叔就对释然说道。

又可以下山了，释然心中说不上是什么滋味，万一再碰到那位施主让自己评理，自己该怎么办呢？一想起上次下山遇到的事情，释然就有些愁眉不展。

事情还得从半个多月前说起，释然代替忙碌的师父到山下探望生病的刘大娘，结果却在路上碰到一名男子正在出言不逊地训斥老人。经过询问，释然得知，老人是男子的岳父，因为偷钱贴补给小女儿家被男子发现，所以引来男子的破口大骂。释然认为偷人钱财是老人不对，可打骂老人又是男子不对，偏偏男子又不依不饶地让释然给评理，释然当时就一个头变成两个大。还好刘大娘及时出现带走了释然，不然释然还真不知道该怎么评这个理呢。

今天下山，但愿不要再碰到这样的事情才好，释然心里默默念叨着。然而总是怕什么来什么，就在上次的地方，释然再一次遇到了那名男子，只是这一次老人不在。只见那名男子向着东方、南方、西方、北方、上方礼拜着。

"真是奇怪，这样的人也会信佛。"没想到这名看起来凶神恶煞的男子内心也有对佛祖的敬重，释然很是意外，忍不住小声嘟囔着，却不想被师叔听了个正着。

"释然，什么时候学会的'以貌取人'呐？"说完，在释然的小光头上狠狠地敲了一下。

释然摸着被戒严师叔打痛的脑袋，龇牙咧嘴地将自己上次见到这个男子的情形一五一十地告诉给了师叔。

"哈哈，有意思。"师叔听完，居然当成笑话一样哈哈大笑了一番后，向那男子走去。

"敢问这位施主，这是在做什么？"戒严师叔很有礼貌地问道。

"做善生啊！"男子看了戒严师叔一眼，继续说道："这是我们家族传下来的习惯，父亲告诉我这样做能够令邻里和睦家庭幸福。难道师父不知道这些吗？"

"施主倒是向善之人啊，只是佛家的礼拜不是拜四方，而是拜六方。"戒严师叔回答道。

拜六方？释然怎么不知道呢？难道这是更加高深的佛法吗？

"拜六方？"男子心中显然与释然有着一样的疑问，"师父可否详细说一说呢？"男子问道。

"佛教所礼敬的六方，一方是父母，二方是师长，三方是妻子，四方是朋友，五方是僧众，六方是仆人。"说到这里，戒严师叔看了一眼男子，只见男子一副若有所思的模样。于是，戒严师叔继续说道："对于父母，做儿女的要顺从，要孝养，令父母感到欣慰；对于师长，作为学生的要尊师重道，虚心接受教导；对于妻子，夫妻之间要相互敬爱；对于朋友，要做到坦诚互敬；对于僧众，要有一颗恭敬的心；对于仆人，要宽厚仁慈。如果能够与这六种人相处融洽，那么幸福的家庭生活不求自来。如若不然，不但遭天谴，受诅咒，有恶报，也会现实报应：比如损寿，罹患怪病，家破人亡不得善终……"男子一听，吓得浑身一震，竟半天说不出一句话来。"阿弥陀佛，善哉善哉！"戒严师叔说完，双手合十，打着佛号向前走去，释然连忙在身后跟上。

"师叔，你刚刚说的拜六方是佛经上的吗？怎么我没有看到呢？"释然觉得戒严师叔说的拜六方简直太好了，这六种人几乎涵盖了人们生活中的所有中心人物，如果能把这六种关系处理好，那想不幸福都难呢！现在那名男子恐怕不用释然评理，也知道今后自己该怎么做了。

"你没看到就对了，因为还没写进佛经呢！"戒严师叔说完，哈哈大笑起来接着又说："释然呐，劝说不同的人，要对应不同的方式方法，这样的传播劝解才是行之有效的。对于这种粗鄙之人，他们最怕的就是遭遇天谴，信佛也是源于此。你与他们讲理，那不是等于'秀才遇见兵，有理说不清'嘛。我看啊，我还得跟师兄说说，得多让你出门历练历练啊！"

禅房的"香"气

　　臭余是小镇上唯一一个鱼贩，本姓"余"，起初大家都叫他余师父，后来因为在运鱼的路上耽搁了时辰，导致鱼运到小镇上时都已经臭了，据说小镇上好几天都充斥着腐烂鱼肉的臭味，从那以后，人们就把余师父叫臭余了。

　　释然几次下山，都曾经过臭余的鱼店，有一次，释然经过时正巧有人买鱼，只见臭余拿起手中的棒槌，狠狠地敲向鱼的头部，一条原本还活蹦乱跳的鱼经过这么几下就晕死在地面上了。臭余连忙拿出剪刀，麻利地去鳞，开膛破肚。在他用手掏出鱼的内脏时，释然还能看到鱼痛苦地抽搐着。

　　释然赶紧闭上眼睛，双手合十，一叠声地念着阿弥陀佛，心里默默为那条死去的鱼儿超度。释然的做法在臭余的眼里也许可笑，难道鱼不就是用来给人吃的吗？所以，这么多年下来，小镇上的绝大部分人都上山拜过佛，臭余却属于那些极少部分里的一员。今天臭余竟破天荒地上山来了，最早得知这个消息的是小界。原本还安安静静地躺在佛堂内打呼的小界忽然睁开眼睛向寺院里跑去，引得它旁边的释行也忍不住跟着跑了出去，结果就在寺院大门口遇到了臭余。臭余还未走进佛堂，身上的鱼腥味就已经飘了进来，释然等人忍不住捂住了鼻子。

此时的臭余一脸愁容，请求师父的开示。原来前段时间臭余的女儿考上了大学，这本是一件值得高兴的事情，可是前天晚上臭余竟然做梦梦见女儿被一条大鱼给吃掉了，梦醒后依旧心有余悸，于是他连忙打电话给女儿，结果得到女儿因为鱼刺卡喉而住进医院的消息，虽然现在已无大碍，但他依旧感觉到惶恐。是不是自己杀生太多了，所以招致了报应？

"余施主，万物皆有生命，都有其存在的价值，伤害众生就等于伤害自己。"师父打着佛号，缓缓地说道。

"可是……可是我这一家老小都依仗着我这个鱼店生活，我又没有别的手艺，如果不贩鱼了，我这一家老小可怎么办呀！"臭余急得快哭了。

释然不禁有些同情起臭余来，自己常年住在龙泉寺，哪里晓得尘世中人们的疾苦呢？于是不等师父开口，释然就对臭余说道："施主如果伤害了同胞，会有什么心情？""心里会不舒服，会忏悔。"臭余回答道。

"那你宰杀鱼类的时候会心里不舒服会忏悔吗？"释然问道。

"这……没有……"臭余结结巴巴地回答。

"这就是问题所在了。"释然最后说道。

当天，臭余留在了龙泉寺，跪在佛祖前忏悔自己的行为，并为每一条被他杀死的鱼儿念经超度。太阳一点一点偏西了，臭余还没有忏悔完，太阳落山了，臭余还在忏悔。

"他杀了多少条鱼啊？这么久都没有忏悔完。"释行问道。

"他那一身鱼腥味儿，在佛堂待了那么长时间，把佛堂都熏臭了。"释果师兄说道，这也是释然所担心的问题。

等臭余忏悔完，已经接近午夜时间了，释行早已经困得打了十多个哈欠了。师父看天色已晚，怕臭余深夜下山不安全，于是便将臭余留宿在了寺内。

夜里，释然刚迷迷糊糊睡着，就听见有人敲禅房的门，打开门一看，原来是臭余。"小师父，能把我那屋的香熄灭了吗？"臭余试探性地问道。

"为什么？"释然不解，寺院里不点香那点什么。

"那香味儿太难闻了，我睡不着呀。"臭余解释道。

香味儿难闻？这还是释然第一次听说，但还是帮臭余将他禅房里的香熄灭了。

第二天天一亮，臭余就离开了龙泉寺。而他住过的房间里则久久弥漫着一股鱼腥味儿，一整天都不曾散去，除了小界以外，谁也不愿意靠近半步。

"这么难闻的房间，竟然还能睡得着，这个余施主还真是奇怪。"释然一边自言自语，一边拿着扫把准备去清扫臭余住过的禅房。不料这句话却被经过的师父听见了。

"释然！怎可在背后议论他人是非！"师父的声音里透着威严，释然吓得立刻缩起了脖子。然而等了半天，师父的手也没有落下来，释然这才抬起头来为自己辩解："师父，我没有议论余施主的是非，徒儿只是不明白，余施主是怎样忍受禅房的臭味的？"

"对于余施主来说，自己身上的恶臭早已习惯成自然，落入麻痹的无意识区域；而你的熏香对他则造成新鲜的刺激，所以他才难于接受。"师父说完，就捻着胡子笑着走开了，留下释然站在原地，回味着师父这句话的深意。

意外来信

"释然，你的信。"戒严师叔从山下采购回来后，给了释然一封信。会是谁呢？释然带着疑问拆开了信件，一旁的释行也伸过来头看究竟。

原来来信人是释然的笔友。小镇上刚刚成立邮局时，龙泉寺的僧人们就通过写信的方式结识了笔友。释然的这个笔友是另一个寺院里的小和尚，想起来释然已经很久没有跟他联系了，突然收到这封来信，释然在惊讶之余还有些开心，因为这个世界上除了师父、师叔和自己的师兄弟们，还有一个人想念着自己，这多少都算一件好事。

但是很快释然就开心不起来了，因为笔友在信中告诉了释然一个十分不好的消息，那就是笔友的师父圆寂了，也就是民间所说的去世了。在信里，笔友向释然诉说了自己的难过之情，师父是最疼爱他的人，也是他在这个世界上最亲近的人，现在师父不在了，他的心像被掏空了一样，无论走到哪里都会想到师父。有时候还会在夜里偷偷地掉眼泪。看到这里，释然的心也痛了一下，他不禁想到自己。在这个世界上，师父也是最疼爱自己的人，也是自己最亲近的人。在这之前，释然从来没有想过师父会离开自己这件事情，如果有一天师父也圆寂了……释然不敢想下去。

接下去的几天里，释然都在考虑怎么回信给笔友，但每每提起笔来，又不知道该怎么写，因为他也不知道这件事如果放在自己身上会怎么样。释然的心不在焉自然逃不过师父的眼睛。

"释然啊，为师这里有壶新茶，你要不要来尝尝啊？"看着释然担着两桶水从外面走进院里，师父站在禅房门口对着他边招手边说。

"好！"释然想都不想就回答道，虽然夏天已经过去了，但是"秋老虎"绝不是浪得虚名，比起夏天的闷热，这种燥热更让人难以忍受。如果能在辛苦的劳作之后喝上一杯清香的茶水，那必定是极好的。

将水桶里的水倒进水缸后，释然就走进师父的禅房，坐到师父的对面，那里早已经放好了一个茶杯，看来师父早已有所准备。一杯香茶喝下后，师父缓缓地开了口："徒儿，这修行是件苦差事，在我所有的徒弟当中，你虽然不是那个悟性最高的，却十分努力。这点让为师很欣慰。当年我见你孤苦无依，所以带你上山，心想这样你总不至于饿死街头，或是误入歧途，却没想到你在山上一待就是这么多年。现在你长大了，若是有其他想法，为师会支持你。"

师父的这一席话听得释然云里雾里摸不着头脑，难道师父是要将他逐出师门吗？释然想了又想，努力回忆自己这段时间的作为，怎么也想不出自己哪里做错了。要说做得不好的地方，顶多就是早课时总是走神，在师父讲经的时候提问变少了而已，那都是因为自己在考虑如何回笔友的信。难道因为这样，师父误以为自己起了还俗的心思，想到这里，释然恨不得自己多长出一张嘴来替自己辩解。

"师父，我知道自己这段时间做得不好，但是徒儿绝对没有动其他心思。一切都是因为徒儿在思考一个问题。"释然赶忙为自己解释道。

"哦？什么问题把你难住了？为师倒是愿闻其详。"师父显然没有预料到，自己的推测竟然错了。

"师父，你会圆寂吗？"释然试探地问道，他不知道自己问这个问题师父会不会生气。

"哈哈……"师父突然大笑道，"原来这些天你的小脑袋里就在寻思这件事情啊？当然会了！百姓有生老病死，僧人也不例外。"

"我的笔友来信说他的师父圆寂了，他很难过。我不知道怎么安慰他，因为一想到师父有一天也会离开我，我也感到很难过。"释然说着，心里的悲伤就像泉水一样翻涌上来，顿时溢满了眼眶。

"生命与死亡，就像冰与水，水在低温下凝结变成了冰，冰在高温中融化又变成了水，二者虽然在形式上不同，但是本质上并没有任何区别。生生死死，就犹如花开叶落，不过是自然而然的生命现象而已，我们大可不必为此烦忧难过。"师父说完，伸出手轻抚着释然的头，"我想你的笔友总有一天会明白这其中的道理。"

释然看着师父那双饱经沧桑的双手，他已经知道怎么回信给笔友了。只是，如果真的让自己经历生与死的离别，自己能够像师父这般豁达吗？释然在心里打了个问号。

桶中一夜

释然想不通，活着是一件多么美好的事情，为什么却有人总是想不开选择自杀呢？前几天，戒严师叔下山采购粮食，在回来的路上救了一个自杀的年轻人，怕那个年轻人再次寻短见，就暂时带回寺里与大家同住。

这几天来，年轻人一直与释然他们在一起，不管吃饭睡觉还是参禅诵经，俨然成了他们中的一分子，但是几天来年轻人都未曾讲过一句话。直到这天早课结束后，年轻人忽然走到师父面前双手合十，请求师父收他为徒。

年轻人的举动让佛堂内的僧人们吃了一惊，纷纷站住离开的脚步，连禅房内飘出的饭香味儿都忽略了。大家都想知道师父会怎么面对这突如其来的情况，说不定，这个年轻人还能学到点佛法呢。

"阿弥陀佛"，师父双手合十回应了年轻人，然后问道，"施主这些日子住在寺院里有何感受呢？"

"我觉得寺院里难得的清净，比尘世间不知清净了多少倍，在这里没有世人的诽谤和嘲笑，也没有烦恼。"年轻人回答。

"其实，寺院和尘世并无差别，只是施主的心境不同所致，如若老衲今天收你为徒，就相当于了断了你对尘世的信心，那不是救了你，而是害了你。想要出家，必须要自己看透红尘之事，或许到了那个时候，你会发现出家与否都已经不再重要了。"师父一边走，一边劝解年轻人。

"我勤勤恳恳读书，从不招惹是非，也从未有害人之心。可是为什么他们总是瞧不起我，总是有人用恶言诽谤我，用蜚语诋毁我呢？活着太艰难了，我不知道如何面对这个社会。"年轻人说到此，脸上露出痛苦的表情。

师父静静地听完年轻人的诉说后，弯下腰拾起一片树叶，把手中的叶子扔进水桶中，然后对年轻人说："施主不惹是非，勤勤恳恳读书，却惨遭诽谤，内心深陷尘世苦井中无法自拔，就如这片叶子一样，是吗？"

年轻人低下头，看着桶中的树叶，若有所思地回答说："是的，我就像这桶中的树叶。"

接着师父拿起舀子，从水缸中舀了一瓢水，说："这就是企图打击你的诽谤之言。"说完，他将水倒进水桶中的树叶上，树叶瞬间被水冲得荡了起来，不过只是一会儿，便又静静地漂在了水面上。

众人不知道师父想要做什么，只好继续看着。师父又舀起了一瓢水，说："这是庸人对你的一句恶语谗言。"说完，他将水哗地再次倒进水桶中的树叶上。树叶晃了晃，再次漂到了水面上。

"施主请看，这树叶是怎样的？"师父转身问站在一旁的年轻人。

"树叶丝毫无损，只是桶里的水深了，树叶因为水位的上升离桶口越来越近了。"年轻人还没有明白师父的言语中的深意，如实说道。

师父听了，笑着点点头，说："那些恶语诽谤是无法击沉一片树叶的，树叶会抖掉浇在它身上的一句句蜚语、一句句诽谤，不但不会沉入水底，反而会随着诽谤和蜚语的增多使自己渐渐上升，一步一步远离桶底。"师父一边说着，一边继续往桶中倒水，不知不觉间，桶中的水就满了，树叶终于浮到了桶面上，金黄色的叶子像小舟一样在水面上轻轻地荡漾着，释然看得都出了神。

当众人以为师父的点化已经到此结束了时，师父却望着树叶感叹道："要是再有一些恶语诽谤就好了。"释然不解，年轻人更是迷糊，树叶都已经成功离开了桶底且漂到了最上面，为什么还要恶语诽谤呢？于是两人异口同声地问道："为什么呢？"

师父并没有回答他们，而是笑了笑又舀起两舀子水哗哗地浇到桶中的树叶上，桶水四溢，把那片树叶也溢了出来，漂到地上，并且随着地面上的水流缓缓地流了很远。释然看到这里，似乎明白了师父的用意。

太多的恶语诽谤终于帮那片叶子跳出了痛苦的"陷阱"，并让它漂向远方，拥有了更广阔的世界。这不就是在启示年轻人吗？流言蜚语、诽谤和诋毁，不应该让他感到痛苦，反而还会将他原本纯净的心灵淘洗得更加纯净，想必那位年轻人此刻也应该明白师父的用意了吧。只见那年轻人倏地跪在了师父面前，感谢师父对他心灵的救赎，并保证不会再为此而烦恼，以后就算把他扔进泥潭，他也要努力成为一株圣洁的莲花。

师父打着佛号，扶起年轻人，脸上露出了安心的笑容。释然见此，不禁在心中深深地佩服起师父来，只用了一片树叶、一桶水就开导了深陷在迷茫痛苦中的年轻人。自己什么时候也能像师父一样，拥有高深的佛法呢？释然忍不住想。

"得不到"和"已失去"

昨夜，一场大雨忽然毫无征兆地肆虐来袭，致使早晨的天空依旧是阴沉沉的。释行望着寺院外面泥泞的道路，用一种与他年纪不太相仿的成熟口气说道："幸好前两天刚刚下山采购了粮食，要不就得饿肚子了。"释然一听，哑然失笑，尽管语气故作老成，话语里依旧显示出孩童的本质。

就在释然决定对释行打趣一番时，几个年轻人带着满身的泥泞走进了龙泉寺，看着他们几个，释然一下子就想到了"狼狈不堪"几个字。不用问，他们一定是到这座山上旅游，然后露宿在外面，结果被大雨淋成了落汤鸡，想下山却苦于没有道路，只能到龙泉寺暂时歇歇脚了。

对于这些年轻人的到来，释然几个小和尚还是很开心的，因为难得见到年龄相仿的人。经过简单的寒暄，释然已经知道他们几个都是大学生。出于对外界的好奇，释然很热情地接待了他们，师父也明显感到了寺院里因注入更多的年轻活力而变得有些不同，所以一直笑眯眯地看着释然几个小徒弟为了这几个大学生忙里忙外。

一天相处下来，释然已经记住了几个人名，一个是长得瘦高、面貌俊朗的男生阿旭，他显然是这个团队的主心骨，因为大家什么事情都会询问他；还有一个微胖的男生，大家都叫他伟仔，这个男生爱开玩笑，对释然等僧人却很尊重；还有一个叫秦羽的女生也引起了释然的注意，因为她是释然见过的最美丽的女孩儿，梳着高高的马尾辫，笑起来的时候嘴边会出现两个浅浅的梨涡。似乎所有人都喜欢看着她，尤其是那个叫伟仔的男生，常常望着秦羽发呆。只是秦羽不常笑，难得露出笑容，笑的时候往往都是对着阿旭，除此之外的时间里都是一副若有所思的样子。释然的脑海里显然还没有爱情这个词语的概念，他只是觉得阿旭与秦羽之间的关系不像其他同学，但是又不知道究竟哪里不同。

晚上，释然等人依旧围坐在佛堂中听师父讲经，那个叫秦羽的女孩儿小心翼翼地站立在佛堂的门槛边上，也认真地听着。师父讲完经后就让大家散去了，释然看到秦羽依旧站在门口，对着师父一副欲言又止的样子。她是想跟师父说什么吗？释然心里嘀咕着，不由得放慢了脚步。

"大师，我有个问题想要请教您，不知道可不可以？"秦羽怯怯地问道。

"施主请说。"师父双手合十，念着佛号答应了秦羽。

"我想问，世间最美的爱情，是'得不到'和'已失去'吗？"释然没想到，秦羽一开口就问了一个如此大胆的问题。出家人六根清净，怎么会对爱情有所理解呢？师父又会怎样回答呢？等着听师父回答的释然停住了离开的脚步。

接着，秦羽又对师父讲起了她的爱情，大致是因为阿旭有一份"已失去"的爱情，所以拒绝秦羽对他的感情，而秦羽又为这份"得不到"而执念，想要放弃却又不甘。

听完秦羽的讲述，师父问道："施主可愿听贫僧讲个故事呢？"

在一座很有名的寺院里，有一只很有灵性的蜘蛛，佛祖见它每日恭恭敬敬地接受佛法，打算开示它一番，提高它修行。于是佛祖问它："人生最珍贵的是什么？"蜘蛛想了想回答道："人生最珍贵的是得不到。"

佛祖听后，便在临走前让蜘蛛再想想。又过了很多很多年，佛祖再次问了蜘蛛同样的问题，蜘蛛这次回答仍旧是"得不到"。就在这时，一阵风吹过，一颗晶莹剔透的露珠落在了蜘蛛的网上，蜘蛛对露珠甚是喜欢，每天都仔细地端详着它。然而好景不长，没过多久，又一阵风吹过，露珠被风儿吹走了。露珠的离开让蜘蛛感到很难过。这时，佛祖再次问蜘蛛："什么是人生中最珍贵的？"蜘蛛望着露珠离去的方向，回答说："是得不到和已失去。"

"既然你这样认为，那你就到人间走一趟吧。"佛祖说。在佛祖的安排下，蜘蛛成为一名富家小姐，名叫珠儿。在一次当朝皇帝举办的文武百官的聚会上，一名名叫甘露的男子在席间吟诗作对，赢得满堂喝彩，也令珠儿芳心暗许。珠儿明白，这是上天赐给她的缘分。

过了一段时间，珠儿陪母亲上香，遇到了甘露，在聊天当中，珠儿问及甘露是否记得十六年前寺院里的蜘蛛，珠儿的问题令甘露感到莫名其妙。又过了几日，珠儿被皇上指婚给芝草王子，甘露却娶了皇上的小女儿长风公主。这样的消息令珠儿茶饭不思，伤心欲绝，就在她失去对生命的渴望时，芝草王子出现了，芝草王子在那日的聚会上对珠儿一见钟情，求皇上赐婚，如果珠儿因郁郁而死，他也不会独活。于是拿出宝剑，准备自刎而死。

这时佛祖现身了，他对已经灵魂出窍的珠儿说："那日你遇见了露珠，却没有想过露珠是谁带来的，是风。所以对于你而言，露珠只是生命中的过客，他最终是属于风的。而芝草是寺院门前的那株草，从你出现那日起，他就一直爱慕着你，只是你从未注意过他而已。"

说到这，佛祖再次问了珠儿那个问题，"人生最珍贵的是什么？""人生最珍贵的不是得不到和已失去，而是已经拥有的幸福。"听到珠儿的回答，佛祖离开了。已经出窍的灵魂再次回到珠儿身体里，她急忙制止了正要自刎的芝草王子，有情人终成眷属。

施主，与其纠结与'得不到'和'已失去'，不如低头看看自己现在已经拥有的。"师父说完，双手合十，念了句法号后就离开了。

这个故事释然第一次听师父讲起，竟然听得入了神，小界几次在他脚边蹭来蹭去，释然都没有注意，他想不到世界上还有如此千回百转的故事。等他从故事中回到现实中时，天色已经不早了。想到明天还要上早课，释然连忙离开了佛堂。只剩下秦羽站在佛堂里，久久没有离开。

告别晚会

第二天依旧是个阴雨天，上完早课，释然走出佛堂，看到秦羽已经起床了，正站在门口盯着雨水发呆，嘴里自言自语道："看来今天是下山无望了。"

"施主，既来之则安之吧。"释恩师兄的话在释然背后响起。

"也是，愁也没有用。"说完，秦羽对着大家露出一个浅浅的微笑。虽然是下雨天，释然却觉得天一下子晴了。

经过前一天晚上与师父的对话，释然发现秦羽明显比之前开朗了，不再是一副郁郁寡欢的样子，她的快乐几乎带动了龙泉寺所有的人。直至下午时分，连着下了三天的雨终于停了。

作为在龙泉寺留宿的最后一晚，秦羽提议大家来个"告别晚会"，并诚恳地邀请了龙泉寺所有的僧人参加。听到这个消息，最雀跃的人当属释行了。作为修行的僧人，基本上没有什么娱乐活动，更不要说举办什么晚会了。相比较于释行的雀跃，释然则有些闷闷不乐。在释然的心里，参加晚会就是沉醉于享乐之中，与僧人的清修是背道而驰的事情，但是如果不参加，自己心里又有些舍不得，毕竟寺院里的生活太乏味了。这样左右为难的决定，释然真不知道该如何决断。不知道师父会怎么想，会不会让大家参加呢？对于释然而言，只要师父同意，那自己面临的问题就不再是问题了。

没想到师父十分爽快地赞成了秦羽的提议，只是师父和戒缘师叔要谈论佛法，就不参加了，只有戒严师叔一口答应了下来。有了师叔的参与，其余僧人自然也放心大胆地参与了进来。

傍晚，大家一起用过斋饭后就聚集在了院子里。秦羽在中间点了几根蜡烛，大家就围坐在蜡烛周围，形成一个圈。秦羽做起了临时的主持人，为了带动气氛，她第一个表演了节目——边唱边跳了一支舞，秦羽的歌声温婉动听，舞姿妙曼、衣袂飘飘，看得大家都睁大了眼睛。一曲完毕，秦羽迎来了十分热烈的掌声。

第二个表演的是伟仔。释然本以为伟仔会给大家讲一个笑话，这样才比较符合他留给大家的印象。结果伟仔出人意料地表演了一段"乐器演奏"，更令人惊奇的是，他所用的"乐器"是碗。伟仔用七只碗分别装了不同分量的水，然后用一根木棍就敲出了动人的旋律，那是一首释然从来没有听过的曲子，也是他听过最好听的曲子，他甚至听得入了神，大家鼓了半天掌他都忽略了。直到秦羽的声音传来："伟仔，你还留了这么一手呢。今天真是让我们大开眼界呀。"释然这才回过神来，转而看向伟仔，伟仔羞涩地挠挠头，不好意思地笑了。

第三个表演节目的是阿旭，阿旭唱了一首英文歌曲，释然一句也没听懂，但是也学着大家的样子，随着歌声的旋律晃动着身体。释然不禁感叹道，音乐果然是不分国界的。接下来大家都分别表演了节目，有唱歌有跳舞，还有一个没什么特长的男生在现场模仿起了各种动物，逗得大家笑得肚子疼。

最后大学生们都表演完了，大家还是意犹未尽，于是开始邀请龙泉寺的僧人们表演节目，戒严师叔首当其冲，给大家朗诵了一首诗歌。释然没想到看起来很是粗犷的戒严师叔，读起诗的时候居然也有文人一般的风范。

戒严师叔朗诵完诗歌后，释行自告奋勇，说要给大家表演一段武术，然后就将他平时跟戒缘师叔学的功夫比划了几下子，虽然一看就是花拳绣腿，但是释行认真的表现还是博得了满堂喝彩。

释行表演完后，走到释然身边对他说："师兄，你表演个什么节目呢？"

这个问题释然还真的没有想过，他什么也不会，怎么表演呢？他从小到大只听过一首歌，那就是《送别》，可是他只听过，没唱过，万一唱走调了，那就太丢人了。"我……我还没想好。"释然支支吾吾地回答。

见释然没有要表演的意思，释恩师兄走到中间对大家说："我自小生活在寺庙中，没有什么特殊的技能，只能在这里给大家念一段经文，预祝大家明天一路顺风。"说完，释恩师兄就盘腿坐在地上，闭上眼睛，念念有词地诵起经来。大学生们不懂经文，但每一个人都神情肃穆，也像大师兄那样盘腿而坐，双手合十。末了，大家异口同声地念了一句"阿弥陀佛"。

释恩师兄表演完后，就剩下释然和释果两个人了。"释然，你先吧。"释果师兄先发制人，将释然推到了前面。但释然还是没有勇气站出来，连忙摆着手说："我什么也不会，还是师兄你先来吧。"

"你先！"

"你先！"

……

他们二人的推辞引来了大家的阵阵笑声，最终释果拗不过释然，他站到了中间，也学着释行的样子给大家表演了一段武术，只是由于不够专注，动作看起来总有些滑稽，大家被逗得再次哈哈大笑。笑得释果一下子涨红了脸，却也不由自主地跟着笑了起来。

释果也表演完了，所有人中只有释然还没有表演了。此刻释然如坐针毡，不知如何是好。秦羽似乎看出了释然的窘态，很合时宜地打了个哈欠，然后对大家说："天色也不早了，要不咱们睡觉去吧。"

或许大家也都等得不耐烦了，所以纷纷响应了秦羽的号召，回房睡觉了。释然长长地舒了一口气，心想着：总算不用出丑了。但是紧接着一种懊悔之情随之而来，恐怕以后再也没有见面的机会了吧，那么大家都在节目中表达了自己的情谊，自己呢？什么也没有表达，哪怕是跑调的歌声也好呀，至少大家会因此而记住他，但是现在一切都晚了。想到这里，释然忍不住求佛祖能够让时间倒回，只是就算佛祖听到了释然的心声，恐怕也爱莫能助了。

释果的相思

第二天太阳早早地就到天空中"报到"了，用过早上的斋饭后，秦羽一行人背上他们来时的大包，对师父谢了又谢后便离开了。释然望着他们远去的背影，心中说不出的惆怅。此时释然终于明白了什么叫作"机不可失，失不再来"了。

时间从来都不等人，一晃又过去了很多日子，释然时常会想起那些大学生，尤其是秦羽，那个美丽温柔的女孩儿。但是释然发现，他的想念和释果师兄的不同。释然的想念只是偶尔会想到，并不会影响自己参禅念经。而释果师兄则常常发呆，有一次还差点把一个年轻的女香客误认成秦羽。有时候念着经，释果就走神了，于是佛堂内就会出现一声不和谐的音调。

"释果师兄，你是不是生病了，怎么成天无精打采的？"有一次，释然趁大家都休息时候问释果师兄，他怀疑释果师兄生病了。然而，释果师兄只是淡淡地看了一眼释然就离开了，简直和平时的释果师兄判若两人。

这天，吃过早饭后，大家都围坐斋堂内，听戒严师叔将佛经里的故事，戒严师叔的大肚子里几乎装满了故事，释然记得自己小时候最爱跟在戒严师叔后面，因为不但有好吃的东西，还有好听的故事。几乎每个人都将耳朵竖起来，生怕漏掉精彩的环节。只有释果师兄一副若有所思的样子，释然心想：再这样下去，释果师兄必然要挨戒严师叔一掌了。想到这里，释然的后脑勺似乎都在火辣辣的疼。

正讲到精彩之处，忽然寺院里传来了王二的声音，故事不得不终止了。大家极不情愿地走到院子里，看见王二正手扶着一棵大树，累得气喘吁吁。

"戒严师父，我给寺里移了一株无花果树，可没想到搬到半山腰实在搬不动了，只好自己先上来，请各位小师父下山去帮个忙。"王二上气不接下气地说道。

一听到无花果树，释行高兴地拍起手来，因为这意味着夏天来临时，大家就能吃到香甜的无花果了。还能晒一些无花果干，在冬天的时候做干果吃。想到这里，释然心里原谅了王二打扰了他听故事。

"释果、释然，你们二人去山下，帮王二施主将树抬上来吧。"戒严师叔吩咐道。

"我也要去，师叔，我也要去。"释行一听没有他的名字，转身向戒严师叔哀求道。

"这个孩子，去吧，去吧。路上注意安全。"平日里师父和师叔们就最疼释行了，这个时候自然也是拿他没办法的。

于是，释然跟着释果、释行，还有王二，四个人一起来到了半山腰上。王二移来的无花果树并不大，但是花盆却不小。一个人搬费劲儿，两个人抬又显得多余。释果师兄显然也意识到了这个问题，所以不等释然动手，自己就搬起来了花盆，向前走去。

释然跟着身后，几次想替换下释果师兄，可是他都闷声不吭地走在前面，眼看就要到龙泉寺了，释果依旧没有停下来的意思，这一趟是白来了，释然心想。

走到寺门口时，释然看到戒严师叔和师父都已经等在门外了，见到释然他们回来，师父首先双手合十，对着王二念了一句法号，接着感谢了他对佛祖的敬意。然后对释果说："释果啊，放下吧。"

释果师兄便将手中的果树放在了院子里的空地上，正准备离去时，师父又对释果师兄说了一句："放下吧。"

明明已经放下了，师父又让放下什么呢？释果师兄看看自己的双手，上面什么都没有啊。难道师父没有看到？于是连忙向师父解释道："师父，我已经放下了。"

"放下吧。"师父并没有理会释果的话，而是又重复一遍。这次不仅仅是释果，就连站在院子里的其他人都愣住了，只有戒严师叔摸着下巴一脸的笑意。难道师父暂时性失明了？释然忍不住在心里想。

"放下吧。"师父又重复了一遍。

这一次，释果师兄原本紧锁的眉头忽然展开了，原本满脸的茫然也因为师父的这句话而茅塞顿开，"阿弥陀佛，徒儿多谢师父开解。"师父听到释果师兄的话后，满意地点了点头，再也没有说起"放下吧"。

"释然师兄，师父到底让释果师兄放下什么呀？"释行昂着头问释然。

　　释然有些无奈地看了看释行，这个问题他该怎么回答呢？他只知道，师父让释果师兄放下的肯定不是果树，至于是什么，释然也不知道了。

令人烦恼的玩笑

　　要说这几个大学生到来给龙泉寺带来的最大变化，那就是大家见识到了什么是"爱情"。自从释果师兄"放下"后，就恢复了他爱捉弄人的本性，经常拿释然和小花开玩笑，一会儿说他们是青梅竹马两小无猜，一会儿又说小界是他们之间的"定情信物"。

　　起初，释然会因此感到脸红，说的次数多了，释然有些气闷起来，认为释果师兄有辱自己出家人的身份。为了"堵住"释果师兄的嘴，释然减少了与小花的联系。有一次释然跟师父一起下山，师父特意提醒释然有很久没有去找小花了，结果却遭到了释然的拒绝。作为好朋友，释然怎么能不想念小花呢？小花一定也很想念自己与小界，释然想。可是为了避免遭人口舌，还是不要见面才好。这样一来证明自己谨遵戒规，不近女色；二来也会给小花减少不必要的麻烦。

　　这天，师父特意吩咐释然给自己那两株心爱的菊花浇水，释然浇完其中一株时，师父忽然问道："释然，你爱色吗？"

　　释然听到师父这样问，惊得手中的水壶险些掉在地上，释然首先想到的是，释果师兄和自己开玩笑的话被师父听到了，而且师父还当真了。当冷静下来后，释然又想到，这个问题简直太难回答了。因为世间万物包含"色"的东西太多了，脸色、美色、景色、花色……任何一件物品都有属于自己的颜色。自己该怎样回答呢？如果直接回答说"不爱"，那么师父势必会认为自己心里想的是"美色"，但如果回答"爱"，那是不是又会被认为贪恋物质呢？

师父到底怎样想的呢？释然思来想去也猜不透师父的用意，最后只好硬着头皮回答说："不爱！"师父听后，竟笑了起来，似乎已经猜透了释然的心思，于是继续问道："你确定你已经想好了？当你面对考验的时候，还会依旧如此回答吗？"

师父的问题让释然不得不肯定，师父已经知道了有关于他与小花之间的传言，这一定是师父在试探自己，于是这一次底气十足地回答说："当然能！"这一次师父笑得更厉害了。自己到底回答地对不对呢？释然急于知道答案，可师父却只是笑，不说话。

"师父，那我能问你个问题吗？"释然想，知道了师父的答案，不就知道自己回答得对不对了吗？

"你问吧。"

得到师父的许可后，释然大着胆子问："师父，你爱色吗？当您面对美色的诱惑时，您能坦然面对吗？"

释然的问题一问出，师父忍不住哈哈大笑起来，说："果然不出我所料，我猜你一定会这样问我。在为师看来，再美的美色也不过是美丽修饰后的皮囊而已，我爱与不爱没有什么分别，只要自己能够在面对的时候不为所动，又何必太在意别人的看法呢？"

师父的一席话令释然豁然明白，原来师父是在想办法开导自己，想必自己这些日子来的烦闷被全落在师父的眼里了。

"释然，你可知道这世界上有多少人吗？"师父最后问道，然后不等释然回答，就继续说道："有几十亿的人口。如果你活在别人的眼光里，那你还怎么做你自己呢？太在意别人的看法，你就会成为被他人操纵的傀儡，这只会让你活得更累，更痛苦，最终越来越不像自己。"

是呀，如果自己不这么在意他人的眼光，就不会因为释果师兄的玩笑话而气恼烦闷，也不会因此而疏远小花。事实上，自己对所做的事情问心无愧，又何必那么在意别人的评价呢？经过师父的这一番教诲，当释果再拿自己说笑时，释然并不似从前那样着急着解释甚至生气，而是微微一笑，仿佛释果师兄说的是别人的事情，与自己毫无关联。如此几次，释果师兄也意识到释然在这件事情上开悟了，便再也没有开过类似的玩笑。

再次下山，释然催促师父早早办完事后就来到了李三家中，把这段日子以来小界在寺院中的表现一一向小花做了汇报，听得小花"咯咯"地笑个不停。还是做自己最轻松呀，释然感叹道。

花钱买快乐

"释然师兄，你快乐吗？"一大早，释行就缠着释然问起这个问题来。释然放下手中的扫把，看着扫了一半的落叶，心想：在晌午之前，恐怕又扫不完了。自己是该回答快乐呢还是该回答不快乐呢？近日来，释然听释行问这个问题，听得耳朵已经快起茧子了。

不管释然回答"快乐"还是"不快乐"，释行都有一大堆"为什么"在后面等着。现在释恩和释果师兄一见释行就绕道而行，只有小界会一边打呼噜，一边忍受着释行在自己耳边问无数遍的"你快乐吗？"一听到这个问题，释然的头就一个变成两个大，而这一切都是因为那个上山来找"快乐"的老头。

想到那个"老头"，释然至今还记忆犹新，因为他要找的东西太奇怪了，是既看不到又摸不着的"快乐"。

那天，大家都在佛堂里上早课，忽然传来一阵敲门声，师父示意释然去开门，他边走边琢磨，这么早会是谁呢？打开寺院大门一看，只见一个老者，衣着讲究，手里拿着一个公文包。看见释然后，老者立刻露出和善的笑容，只是一张嘴露出的金色的门牙，让释然觉得有些刺眼。

得知大家正在上早课，老者恭敬地站在佛堂门口等候，等大家都早课结束后，老者才慢慢地走进佛堂里，拿出三炷香点燃，插在香炉里，然后双手合十跪在蒲团上，对佛祖说道："我远道而来，希望能够取得让自己快乐的方法。"

来寺院里请愿的人很多，有祈求家庭和睦的，有希望家人平安健康的，还有希望自己的儿女考上大学的，这种向佛祖请求快乐方法的人，释然还是第一次遇到。想必大家也跟释然一样，所以纷纷停住了脚步，就连师父也不例外。

老者见师父停住，便转过身来，面对着师父说："大师可否指点一二？若能够令我重拾以前的快乐，我愿意将我毕生一半的所得给龙泉寺种福田。"

"阿弥陀佛。"师父双手合十，打着佛号，"不知施主有何不快乐呢？"

老者见师父愿意开示他，便说起自己的情况来。他原本是一名普通的农民，那时候每天日出而作日落而息，日子虽不算富裕，但是也落个轻松自在，最大的烦心事就是地里的稻秧被老鼠啃去了几根。后来，村里的人都到城市里打工，他也跟着出来了。没有一技之长的他先是在工地上当小工，后来渐渐成了包工头，再后来开了自己的建筑公司。人越来越忙，忙得孩子怎么长大的他都没有印象，妻子的脸上何时长出了皱纹他也不知道。

起初，他还能因为一笔合同谈成了而兴奋半天，从中感受到些快乐，可是渐渐地这些也变得不重要了，能够让他快乐的事情越来越少。孩子与他关系生疏，考上大学就出国留学了，很久都不回来。妻子一直做家庭主妇，思想观念已经和他相去很远，两人之间早已没有了当初的共同语言。朋友见他郁郁寡欢，告诉他有钱就可以快乐，于是带着他流连于娱乐场所，钱是花了不少，但快乐总是暂时的……

就这样，老者一直在说他的过往。释然吃过早饭过去，他还在说。释然睡醒午觉，他还在说。而师父则坐在一旁打坐，一直未开口说话。释然有些心疼起师父来，老者所说的那些话是释然从未听说过的生活，所以他也不理解为什么有钱了，快乐却没了。就拿经常来龙泉寺的王二和李三来说，王二每次挣到钱都会特别开心，而李三则总是因为钱不够花而苦恼。这样看来，老者应该拥有很多快乐才对呀！

可是老者说来说去怎么都是一些不快乐的事情呢？最后，老者说着说着竟然说累了，坐在蒲团上打起盹来。师父不忍打扰他，便悄悄地离开了。释然也来到院子里，将快要见底的水缸倒满水。大约过了一个多小时，老者忽然从佛堂中冲了出来，一边跑一边大声喊着："师父，不好了。我的皮包不见了，里面可是放着我的全部身家呀！"老者一脸的惊慌失措，把释然都吓了一跳。

上次丢钱包的乌龙事件还历历在目，虽然后来得到了澄清，但是这样的事情女香客谁也不想再发生第二次。龙泉寺的众僧人是断断不会拿了的，难道是进来小偷了？可是自己一直在院子里劳作，没见到半个人影进来啊！释然觉得这次麻烦大了，甚至怀疑是这个老者自己藏起来，故意要陷害大家。

　　师父听到声音，也从禅房里走了出来。先是劝慰了老者后，就吩咐释然几个人到处帮忙找一找。就在大家准备分头寻找之际，释行忽然指着树上说："你们看小界嘴里叼的是什么？"

　　大家一听，纷纷抬起头来看，那不正是老者的皮包吗？原来是被小界给叼走了。小界似乎也意识到自己拿了不该拿的东西，于是乖乖地将皮包放到了师父的脚边。

　　老者看到失而复得的皮包，喜极而泣，不断地说道："没丢就好，没丢就好。"

　　师父在一旁也跟着笑了起来："看来施主不用再花钱买快乐了。"

　　老者不知道师父这句话用意何在，自己分明还没有找到快乐，为什么不用"买"了？

　　"因为你原本就有快乐。"师父最后补充道。老者站在原地想了很久，终于想通了。

　　虽然释然不明白老者之前为什么说自己不快乐，但是他似乎也明白了。只有释行，怎么也没有想明白，为什么老者说他不快乐，师父却说他的快乐一直都在呢。

做法事

　　释然花了几天的工夫，终于让释行明白了师父对那位老者的开悟。晚上终于可以睡个好觉了，释然心想。然而这天天还没亮，他就被一阵敲门声吵醒了，这么早会是谁呢？释然猜测着，不一会儿院子里就传来了一阵窸窸窣窣的声音。抬头看看还在打呼噜的释行，释然摇了摇头，想到去年的这个时候，自己还没有举行过成人礼，不用和师兄们一起上早课，也如释行一般一觉睡到大天亮，那样的生活是何等惬意呀。而现在，他只有羡慕释行的份儿了。

　　本想着来人与自己无关，趁着师父的木鱼声还没有响起，释然准备再睡一会儿，岂料释行忽然翻了个身，嘴里嘟囔了一句"吃大包子"。这馋鬼，睡觉都忘不了吃，释然苦笑，却怎么也睡不着了，脑海里不断回荡着释行那句"大包子"。与其在这里辗转反侧，不如起床诵经去吧，也好将自己肚子里的"馋虫"赶走。这样想着，释然起身穿好衣服鞋子，轻轻打开禅房的门，向佛堂的方向走去。

　　还没走进佛堂，就听见里面传来了说话声："师父，您就随我下山一趟吧，只要能圆了我父亲这个心愿，价钱不是问题。"

"庄施主，不是什么都可以用金钱来衡量的。"师父顿了顿，又继续说道："你父亲与我也是有缘之人，既然他临终前希望我能送他一程，那贫僧就随你走这一趟吧。"

"多谢师父，多谢师父。"庄施主忙不迭地道谢。

"贫僧还需要准备准备，施主且稍等一会儿。"师父说完，就走出了佛堂，正好看见站在门外的释然。

"释然，既然你已经起来了，就帮为师将你大师兄和二师兄也叫起来吧，为师要带你们下山去做场法事。"

这是师父第一次带释然为人做法事，师父上一次做法事还是很久以前，那时候释然还小，所以错过了，当时他为此惋惜了很久，没想到自己还有机会再次遇到，释然不禁有些雀跃，连忙跑向师兄们的禅房，将他们喊了起来。

这一次，被留在寺里的是释行，看着释行嘟着小嘴站在戒严师叔旁边的样子，早上释然对释行的羡慕之情顿时被抛到了九霄云外。走在下山的路上，释然忍不住打量起这位庄施主来。

据说这个庄老板比王二还要有钱得多，早已经在省城买了大房子，只有他的父亲还住在小镇上。释然对那个微胖和善的老人有印象，因为身体不好，老人很少上山拜佛，但是每年的正月初一，他都会上山来在菩萨面前虔诚地烧一炷香，然后跟师父坐在一起聊很久。想到明年初一时再也见不到这位和善的老人，释然心里多了些许的难过。

天微微亮时，释然一行人赶到了庄施主父亲的家中。这位老人的住房十分简朴，不大的院子里种着许多花花草草，他的灵位就设在院子的最中间。见到死者，师父先是拜了三拜，然后便坐在地上为死者诵起经文来。释然也连忙学着师父的样子坐在地上，手捻着佛珠，专心地为逝者诵经。

一天下来，释然只觉得比在寺院扫一天地还累。用过庄老板为大家准备的晚饭后，释然正准备随师父去休息，忽然听见院子里面嘈杂起来，一个尖锐的女声传来："我凭什么要跪他，他尽过一天当父亲的责任吗？"

"可他终究是我们的父亲，况且他现在已经不在了，有什么恩怨就让它过去吧。"庄老板的声音传来。

"过去？难道你就不恨他，小时候你被人家追着屁股后面骂'没爹的孩子'时，你就不恨他吗？你能原谅，我做不到，想让我再叫他一声'爸'，门都没有！我就是要让他死不瞑目。"那女人的话语越来越刻薄。

只听见"啪"的一声，释然心里一惊，随后就听见那女人呼天抢地地喊起来。释然连忙双手合十，念了句"阿弥陀佛"。

"这本是人家的家务事，我们不该插手，只是死者为大，这样闹下去，恐怕庄施主的父亲无法了无牵挂地离去了。徒儿们，随为师去看看。"师父说完，就折回院子里，释然连忙跟上。

只见一个三十多岁的女人正坐在地上哭泣，一旁站着束手无策的庄老板。见到师父，庄老板有些尴尬，随后对师父解释说："这是我妹妹，本想让她来祭奠一下父亲，却没想到她……"

师父伸出手示意庄老板不要再说下去，然后走到那个女人身边，说："女施主，贫僧刚才听你说，你很恨死者是吗？"

"是，我恨他。"女人止住了哭泣，回答师父。

"那你这些年过得快乐吗？"师父继续问道。

"快乐？从小时候经常被人欺负开始，我就不知道什么叫做快乐。而这一切都是因为他。"女人说着，用手指向放在灵堂的遗像。

"既然恨他也不能让你快乐，你为什么不尝试着停止去恨他呢？或许当你不再恨他时，你就能感觉到快乐了。"师父说。

女人回过头望着师父，她显然没有想过这个问题。

"你父亲最后一次与我见面时，就知道自己时日不多了。他对我说，他这一生都活在愧疚当中，他已经用这些愧疚惩罚了自己，你又何苦用痛恨来惩罚自己呢？"师父继续说道。

听了师父的话，女人又哭了，只是这次不再是号啕大哭，而是坐在灵堂前默默流泪。见此状，师父念了句"阿弥陀佛"，然后带着释然几个离开了。

入夜后，师兄们开始猜测庄老板的父亲与儿女之间的恩怨，只有释然坐在角落里不吭声，释然觉得，这些往事就让它随着庄老板的父亲深埋于地下吧。师父似乎看出了释然的心思，对着释然露出一个意味深长的笑容后，就敲着木鱼念起经来。

一个古董花瓶

　　这样的法事要做三天，接下来的两天都在相安无事中度过。虽然很累，但是能有这样一个增加自己修为的机会，释然还是很开心的，期间释然也曾担心过庄老板的妹妹会再来大闹灵堂，这女人哭起来简直太可怕了。然而结果证明释然多虑了，庄老板的妹妹早已经离开了。在离开前，庄老板的妹妹在父亲的灵位前上了一炷香，为此，庄老板对师父感恩戴德。

　　三天很快过去了，终于要回龙泉寺了，离开这么多天，释然已经有些思念师叔和师弟了。再次走在县城的大街上，释然发现县城要比小镇上热闹多了，到处都是叫卖声。释然紧跟在师父身后，生怕与师父走散了。忽然，师父放慢了脚步，看着一个地方不动了。释然随着师父的眼光望去，只见一个妇人跪在街边，面前放了一个黑漆漆的看不出是什么材质的花瓶和一张写满了字的白纸，周围站了很多人，有的对着妇人指指点点，有的在一边窃窃私语。

　　"师父，前面发生什么事情了？"第一次遇到这种情况的释然问道。这个妇人的穿着打扮不像是行街乞讨的，但是也不像是卖东西的。

"过去看看就知道了。"师父示意释然跟着自己一起过去探个究竟。走到跟前，释然才看清白纸上写的字："本人丈夫在一起意外中死亡，现在独自抚养一儿一女，现今小女儿生病，急需一笔庞大的医疗费用，只能变卖家产来凑钱，这个花瓶是我们家传的宝贝，愿有识之士能够慷慨解囊，救救我的女儿。"

又是一位伟大的母亲，释然的心又被触动了，十分想帮助这位母亲，他抬起头看了看师父，师父自然明白释然的心思，可是出家人的日子本来就过得清苦，维持自身的温饱都已经不错了，哪里还有余力去帮助他人呢？师父闭着眼睛，双手合十，念了一句"阿弥陀佛"，释然便知道了师父的意思。

就在他们准备离开之际，一个穿着对襟长衫、头发根根分明的商人蹲在了妇人的面前，妇人顿时眼前一亮。只见那人拿起花瓶，放在手中颠了颠，问妇人："这是铁的？"妇人一听，连忙摇着头说："是金的，我听我祖父说，这是皇帝赐给我太祖父的。这花瓶上的装饰，也都是宝石做成的。"

商人一听，用袖子擦了擦有宝石的地方，不一会儿就露出了黄金的光泽，释然看到商人眼中流露出一丝惊喜的神色。接着，商人又拿出随身携带的手绢擦了擦瓶身，黑色的污垢掉下后，隐约露出些金黄色，商人脸上浮现出些许欣喜之色，只是稍纵即逝。

看来这个妇人说的是真的，释然心想，不知道这个商人会出多少钱呢？释然满怀着期待，自己帮不了这个妇人，看到别人能帮助她，自己的心里多少会舒服一点。可是释然没想到的是，这个商人把花瓶往地上一放，语气不屑地对妇人说："你这个花瓶呀，就是仿得比较像，其实不值什么钱，这瓶身是铜的，所谓的宝石都是玻璃制成的，而且还这么脏，我看也就值个几十块钱。不过我看你也挺可怜的，给你200块钱吧。"

"不会吧？原来是假的？"

"这个花瓶我看也有年头了，不像是假的呀？"

"说不定就是这个女人在骗钱。"

……

一听到商人这么说，周围的人立刻七嘴八舌地议论起来。一时间，释然都有些迷茫了，只好向师父投去询问的目光。师父并没有看释然，而是看着那位商人念了一句："阿弥陀佛，善哉善哉。"

师父这句别有深意的话，让释然更加摸不着头绪了。

跪在地上的妇人，听着周围人的议论，双眼噙满了泪水，自言自语道："怎么会是假的呢？我父亲传给我时，告诉我这是传家之宝，让我好好保管的。"妇人一边哭一边说，听到的人无不为之动容。

释然再次把目光投向那位商人，商人的眼中有一丝慌乱，但很快就恢复了平静。"这位大哥，你再仔细看看，这花瓶只不过是年久未经打理，所以看起来很脏，可它确实是个宝贝呀。"妇人忽然抱住了商人的大腿，用祈求的眼光看着这位商人。众人的目光也都投向商人，似乎都在等着看他是否会见死不救。

"这……我说大妹子，你先放开我，这大街上拉拉扯扯的，影响不好。"商人尴尬地看着妇人，妇人一听，松开了自己的双手，但双眼依旧祈求地望着商人。"我在古董行里混了几十年了，看东西从来没有走眼过。你这个东西确实是假的。这样吧，我再给你加点钱，一千块钱吧，我就当做善事了。"商人说道，似乎下了很大的决心才做出这样的决定。

妇人一听，眼泪就像断了线的珠子一样，先是摇着头，最后终于点了点头。商人见状，立刻从衣袋中掏出一千元钱放到妇人面前，然后抱起花瓶走了。妇人抹着眼泪，缓缓地将那一千元钱拿了过来，然后放进口袋中，站起来默默地离开了。周围看热闹的人群，也散开了。

天色渐渐暗了下来，释然和师父相对无语地走在路上。释然脑子里一直不停地闪烁着那个妇人和那个商人的脸，他们二人究竟谁骗了谁呢？释然想来想去都想不到答案，偷偷看一眼师父，他也是一副若有所思的样子。

"师父，那个商人还有那个妇人，他们两个人究竟谁是骗子？"释然最终还是没有忍住心中的疑问。

"这还用问，一定是那个商人。"一旁的释果师兄说。

"释然啊，不管是谁骗了谁，但有一个道理是不变的，那就是'欺人者终自欺'。"师父望着不远处的龙泉寺，回答释然。

"欺人者终自欺。"这句话久久回荡在山谷中。那什么时候才轮到"自欺"呢？释然忍不住想。

冬日晨练

　　深秋过后，天冷得有点突然，前一天还阳光普照，后一天就冻得人直打哆嗦，让人猝不及防。释然没有及时添加衣服，于是很不幸感冒了。同时感冒的还有释果师兄和释行师弟，早课上，戒严师叔望着操着浓重鼻音诵经的三人不住地叹气摇头，眼神里写满了关爱。于是，当天的早饭里多了一道红枣姜茶。

　　一碗热乎乎，甜滋滋的红枣姜茶下肚后，释然感觉自己的身子轻省了很多，头也不那么重重的了，当天感冒就痊愈了。

　　因为这次感冒，戒严师叔和师父商量了一下，决定每天的早课推迟半个小时，让大家用来锻炼身体，就连不用上早课的释行也不例外。这个消息对于大家而言，简直犹如晴天霹雳，在寒冷的早晨锻炼身体，释然只是想想都觉得浑身哆嗦，但是师父既然已经决定，那必定是已经没有回旋的余地了。

　　第二天，天刚微微亮，佛堂里就传来了师父的木鱼声，只是这木鱼声不再是提醒大家该上早课了，而是叫大家起床去锻炼身体了。释然和释行无奈地对望了一眼，不情愿地穿好衣服走出禅房，戒严师叔已经等在门口了。

"今天，你们就从山上跑到山下，再从山下跑上来。半个时辰为限，最后一名负责打扫茅房。"戒严师叔说完就离开了，剩下哀声一片。

"看来是半个时辰太少了，你们还有时间在这里唉声叹气。"戒严师叔头也不回地说道，完全不像是平时疼爱他们的那个师叔。

冬天的清晨，冷得骨头似乎都要冻裂了。释然脚步踉跄地跑着，风呼呼地从耳边吹过，"还不如直接回去扫厕所算了！"释然边跑边想，脚步也不由自主地慢了下来。

"喂，释然，快点跟上。"释恩师兄的声音从前方传来。

"大师兄，咱们休息一下吧，我都跑不动了。"释行一边用衣袖擦了擦被冻出来的鼻涕，一边喘着粗气对大师兄说。

"难道你想打扫茅房吗？更何况，停下来只会让你更冷。"释恩师兄头也不回地回答。

当从山下往山上跑时，大家都已经精疲力尽了。但是却感觉不似那么冷了，等跑回龙泉寺时，释然的鼻尖上还冒出了细密的汗珠。但遗憾的是，所有人的用时都超过了半个时辰，于是当天的茅房被打扫得分外干净，释然认为那是"团结"的力量。

第三天，师父的木鱼声准时响起。第四日也是如此……渐渐的，抱怨声没有了，大家似乎已经习惯了每日跑上一圈回来后再上早课。

一个星期过去了，所有人都能在半个时辰的时间里跑回龙泉寺了。就在释然感觉跑步这件事开始变得轻松时，戒严师叔分给每人两个装了沙子的布袋子，并让大家从此在腿上绑上布袋子去跑步。然后全然不顾大家长大的嘴巴，扭身就走了。

释然掂了掂手中的布袋子，只听见里面传来"沙沙"的声音，分量虽然不是很重，但是绑在腿上跑步，那也是不小的负担吧，释然想着，眉头皱了个"川"字，看来又要集体打扫茅房了。

果然不出释然所料，大家再一次没有在规定的时间内跑回龙泉寺。但是有了上一个星期的经验，释然相信用不了一个星期，他们就不用集体打扫茅房了。结果也如释然所料，一个星期后，即便是脚上绑着沙袋，他们也能在半个时辰内赶回龙泉寺。

接着，沙袋的重量每日都在增加，但是释然已经感觉不到沉重了。回想刚刚开始跑步时，自己还认为在半个小时内从山上到山下跑个来回是那么难的一件事，再看看现在的自己，释然忽然意识到，"坚持"是多么有分量的一个词语。

顽劣的少年

　　转眼间已经到了深冬。早晨还未打开禅房的门，释然就感到了屋外飕飕的寒风，于是忍不住又往被窝里缩了缩，让这温暖持续再久一点吧。然而还没一分钟，师父的木鱼声就从佛堂传来了，释然一边叹着气，一边穿好衣服，外面套上刘大娘今年给他做的新棉衣，尽管如此，释然坐在大殿里诵经时，还是会被冻得手脚麻木。

　　做僧人是份苦差事，尤其是到了冬天，洗衣择菜时，要把手放进冰凉的水中，那感觉就像上刑一般。所以，释然手上和脚上的冻疮年年都会复发，那种又痛又痒的感觉，常常让释然失去了诵经的心情。每到此时，释然就会想：自己的父母在哪里？如果能让自己感受一下母爱的温暖，那哪怕是一天也好。

　　早课结束后，刘大娘带着一对母子进了寺院的大门。刘大娘是龙泉寺的常客了，而眼前的这对母子释然还是第一次见到，他们应该不是山下小镇上的居民。刘大娘似乎猜到了释然的心思，还未等大家开口询问，就主动说道："他们母子是刚搬到小镇上的，离我家不远。

陈大妹子有事相求于师父，所以我特地带他们上山来。"刘大娘说完，指了指身边的中年女子，也就是他口中的陈大妹子。

有事相求？会是什么事呢？释然在心里嘀咕着，忍不住打量起这对母子来。母亲穿着时尚一些，不像是小镇上妇女们的穿着。儿子大约十五六的样子，双手插在裤兜里，一条腿不停地抖着，长得倒是眉清目秀，但是一脸的玩世不恭。释然预感到，这个陈大妹子想要求师父的事情，八成和眼前这个男孩儿有关。

果然不出释然所料，陈姓妇女一见到师父就立刻跪在地上，请求师父收他的儿子作为俗家弟子。上山要求自己出家的人不少，要求让自己孩子出家的人，释然还是第一次见到。再看师父，也有些被震惊到的样子。陈姓妇女跪在地上，哭诉着让自己儿子出家的原因。

原来，这是个单亲母亲，早年跟丈夫离婚后独自带着儿子生活，为了给孩子优越的物质生活，她起早贪黑地工作，对孩子疏于管教，当她意识到问题的严重性时，她的儿子已经顽劣不堪，不服管教了。为此，她从省城搬到了这个靠山的小镇上，为的就是这里淳朴的民风能够影响儿子的秉性。然而，搬来没多久，儿子就与人打架，将人打进了医院。无奈之下，这位母亲才上山来，希望能够通过佛祖的慈悲之心感化自己的儿子，让儿子成为向善之人。

师父静静地听完这位母亲的诉说，抬头看了看站在一旁的少年，那位少年与释然差不多身高，但两人站在一起是截然不同的两种感觉，释然身上散发着这个年龄孩子应有的蓬勃朝气，这个少年的身上却充满了戾气。释然看得出，这个少年并不想成为佛家的俗家弟子，他眼神中透露出的不屑，让释然替这位母亲难过。释然虽然没有感受过母爱，但是他从这位母亲布满泪水的眼睛中看到了母爱的样子。

面对这位母亲的爱子之心，师父实在不忍拒绝，但是也未答应收少年为徒，只是同意少年暂时留在寺院中，并嘱咐释然照顾好他。

释然听了不禁暗暗叫苦，释行一个师弟就已经很让他头痛了，现在又来一个，释然恐怕自己招架不住。

很快，释然的害怕就变成真的了。

吃午饭时，少年因为斋饭清淡而摔了碗筷，引来了众僧人的不满，唯有师父像什么也没发生一样。下午大家都在寺院里劳作，唯有少年坐在一旁无所事事。释然看在眼里，急在心里，脑海中不断浮现出那位母亲饱含泪水的双眼，佛教不是讲渡人渡己嘛，那自己要想个办法帮少年走入正途才好。

入夜，众僧人都准备睡觉了，少年来到释然面前，"喂，小和尚，我要洗澡睡觉！哪里有热水？"少年的语气里丝毫没有有求于他人的客气。

"请随我来吧。"释然回答道，心里想着，这或许是点化少年的机会。

释然拿出了自己洗漱的盆子，然后倒上热水，却没有招呼少年洗，而是自己洗起脚来。少年不知释然葫芦里卖的什么药，只好站在一旁看着。释然洗完了脚，问少年道："施主，您说这水还能喝吗？"

"你当我是傻子吗？洗了脚的水怎么能喝呢？"少年有些生气地回答释然。

对于少年的答案，释然很满意，"是啊，洗过脚的水已经脏了，怎么还能喝呢？"

说完，释然将盆中的水倒掉，然后举着空盆子问少年："施主，明天用这个盆洗菜做饭可否？"

少年一听，有些愤怒了，对释然叫嚷道："你这和尚，诚心为难我是吗？洗过脚的盆子怎可用来洗菜做饭！"

"原来施主你什么都明白，污秽的东西人人都不愿意去理睬。同样的道理，人若经常说谎打架，顽劣不堪，也会得不到别人的喜爱，甚至被人所厌恶。"释然说完，看着少年，心想：但愿自己这一番话不要惹怒了这个少年才好，万一自己被打一顿，那可真是自讨苦吃。

于是继续补充道："施主，你的一生还长，可不要让自己做了脏盆子啊。"

少年听了释然的话，不再吭声。释然便找了个说辞离开了。

第二天一早，释然来到少年的禅房前，打算邀请少年一起上早课，敲了半天门却没有人应，推开门一看，少年早已不见了踪影。桌子上放了一张纸条，上面用歪歪扭扭的字体写道："谢谢你。"

这是写给谁的？是写给自己的吗？释然开心地想。

一捆柴火的力量

少年的突然离开在龙泉寺引起了不小的轰动。他母亲将他托付给师父，结果一夜过后人却不见了，尽管释然已经将前一天自己与少年之间发生的一切都跟师父坦白了，并推测少年应该是回家了。但是为了少年的安全，师父还是一大早就下山去找刘大娘了。

师父刚走不久，龙泉寺里就来了一位客人，虽然师父经常教导释然"众生平等"，但是在看到这个只有一只胳膊的人时，释然还是忍不住多看了几眼，倒不是因为此人身体上的缺陷，而是因为他虽然身体存在缺陷，却有着一种不凡的风骨。

"小师父，妙空师父在吗？"独臂人见到释然，开口问道。

通常香客们进了龙泉寺第一件事情都是拜菩萨，他却先找师父。难道他跟师父认识吗？可是释然又从来没有见过他。

"师父今天一早就下山了，还没有回来。"释然如实回答，听到此话，独臂施主的眼中闪过一丝失望。

"施主跟我师父认识吗？"释然终是没有藏住内心的疑问，向独臂施主询问起来。

"我们可是旧相识了。"面对释然的刨根问底，独臂施主并没有介意，一直都很严肃的脸上露出些许笑容。人往往对自己身边的人的故事都会格外关注，释然也不例外，曾经为了将每个人的过往都记录下来，释然还尝试过给每个人写回忆录，虽然这件事情最后不了了之，却引起了释然对每个人过去的热衷探究，尤其是师父的。因此，为了了解这份自己不了解的"过往"，释然以"等师父回来"为由，热情地邀请独臂施主到禅房休息，独臂施主欣然答应。

独臂施主或许是看出了释然的小心思，或许也想找个人分享一下曾经的往事，竟然主动对释然说起了他与师父相识的过程来。

"记得那年冬天非常冷，我连着两天没有讨到饭吃。"讨饭？释然想过很多种开始，却没想到眼前这个人曾经是一名乞丐。独臂施主看着释然，仿佛在对他说："没想到吧。"

"饥寒交迫之际，听人家说山上有寺院，我就想出家人慈悲为怀，说不定会赏我口饭吃。于是，忍着饥饿爬上山，见到了妙空师父，那时候寺院里除了妙空师父外，只有一个小和尚。"释然想，那应该就是释恩师兄了。

"是释恩师兄吗？"释然虽然已经知道了答案，但还是忍不住问了一下，万一是自己不认识的呢。

"嗯，应该就是了，那时候你师父还很年轻呢。看见一身破破烂烂的我，丝毫没有流露出嫌弃的表情，当时我想自己碰到善人了，不会饿死了。可是妙空师父却让我帮他将竖在寺院墙外的柴火都搬到后院去，我心里虽然很不情愿，但是既然已经上了山，不填饱肚子，恐怕连下山的力气都没有了。于是只好在寒风中，一趟一趟地将柴火搬到了后院。因为只有一只手，我整整搬了两个多小时，心里不免对你师父生出了怨言。"

师父怎么能这样呢？释然忍不住想，可能是因为师父年轻时修为不够，所以才会为难这位施主吧，难道他今天是来向师父炫耀自己的成功的？释然开始有些愤愤不平了，气愤于世人的庸俗。

独臂施主沉浸在自己的回忆当中，全然没有注意到释然的情绪变化，他接着说道："搬完所有的柴火，我累得坐在墙边站不起来，但是身上暖和了很多。这时，妙空师父端着两碗斋饭出来了，一碗给了我，然后自己端着另外一碗和我坐在一起吃。我们一边吃，一边聊天，心里的不愉快也消失了。那是我记忆中吃得最快乐的一顿饭，因为有人愿意跟我坐在一起吃饭，而不是捂着鼻子放下食物就离开。"

"那后来呢？"释然问道，他觉得事情不会这么简单就结束。

"吃过饭后，我对妙空师父说了声谢谢，但是妙空师父对我说：'不用谢，这是你自己的劳动所得。'这句话我一直没有忘记，这也是我能够有今天的动力。因为妙空师父，让我明白了，我虽然只有一只胳膊，但是我也可以凭借自己的劳动挣口饭吃。下山后，我就到了镇上的砖厂搬砖，后来又到建筑工地上，一边搬运建筑材料，一边学着怎样盖房子，再后来自己承包了工程……现在不会再为填饱肚子而发愁，但是那碗白米饭的味道，却是我记忆中最美的味道。"说到这里，独臂施主的眼眶微微泛红，这时，从门外走进来一个人，看样子应该是与独臂施主一同上山来的，那人与独臂施主耳语了几句，独臂施主就起身告辞了。

这一整天，释然都沉浸在这段过往中，期待着师父早点归来，好把这件事情告诉师父，如果师父知道自己曾经的举动对一个人有如此大的帮助，一定会非常高兴。

天色渐晚时，师父终于回来了。释然将白天的一切一五一十地告诉了师父，言语中无不透露出对师父的敬仰之情，原本以为师父会很满意地点点头，结果师父却转着手中的佛珠说了句："阿弥陀佛，善哉善哉，那捆柴火为师又用了半个时辰的时间从后院搬回了前院。"

师父的回答令释然大吃一惊，"师父，那您为什么还要……？"

"因为我能给他的，就只有这些了。"说完，师父向自己的禅房走去，只留下被月光拖得长长的影子。

"对了，师父，您找到那个少年了吗？"释然对着师父的背影，连忙问道，这可是更重要的事情，万一那个少年没有回家，那龙泉寺每个人都脱不了干系。

"放心吧。"师父头也不回地说道，然后消失在走廊的尽头。

"少林棍法"

师父总是说："有所付出，就会有所收获。"以前释然不太理解这句话，现在是真真切切地体会到了。通过这段时间的跑步练习，释然已经能够做到在不绑着布袋的情况下，在一炷香的时间内赶回龙泉寺，而且还觉得很轻松。因此，渐渐地，跑步这件事情已经激不起大家的挑战欲望了。

师父和师叔将这一切看在眼里，悄悄耳语了几句后，大家就接到这样一个通知：明天起不用再跑步了，开始学习少林功夫。

这个消息让早就已经对武术有些向往的释果和释行高兴不已。释然虽然对武术没有多大热情，但是可以让生活有些改变，他还是很乐意接受的。想起小时候，释行经常拿着两根从地上捡起的木棍，缠着释然跟他一起玩"官兵追强盗"，两个人每人拿着一根木棍当作"剑"，然后你追我赶地进行"追杀"，每次释行都玩得不亦乐乎，而释然会累得气喘吁吁。

少林功夫由龙泉寺内的唯一"武功高手"戒缘师叔教大家，据说原本是戒严师叔教大家的，但是戒缘师叔主动请缨来完成这项任务。释然一早就想见识戒缘师叔的功夫，只是苦于一直没有机会，这次终于可以如愿以偿了。

真正开始学以后，释然才发现，这少林功夫学起来比跑步还枯燥，至少跑步时还能顺便欣赏周围的环境，学习功夫却要在一个地方一动不动持续很久。连续扎了一星期的马步后，每个人都有点烦了，但是又不敢直言。这时，释行这个机灵鬼提出了一个建议，就是让戒缘师叔教大家使用兵器，比如剑。

可能是被释行那一副"好学"的样子打动了，戒缘师叔居然同意了，但是碍于兵器不好找，并且使用剑容易伤到大家，戒缘师叔最后决定教大家学习棍法。于是，每天早晨的龙泉寺都会出现这样一幅情景：四个小和尚每人拿着一根木棍，在天寒地冻中"嘿嘿哈哈"地挥舞棍棒。

在戒缘师叔的耐心教导下，释然等人的棍法有点像那么回事了，有时候释然恍惚间会觉得自己也是一名武林高手。释行恐怕也是这样想，不然他不会公然向大家提出挑战。当个子最矮的释行站在院子里向每个人提出挑战时，大家经过短暂的惊讶后，随即哈哈大笑，并都爽快地答应了下来。

释行挑战的第一个人就是释然，两个人很认真地比划了一阵子后，释然发现自己竟然跟释行"势均力敌"，这让作为师兄的自己有些丢人。然而就在自己走神的这么一瞬间，释行占了上风。释然输了。

"以小胜大"的胜利让释行得意洋洋起来，竟然直接跳过释恩和释果师兄，将目标锁定为戒缘师叔。"释行，你确定要向我下战书吗？"戒缘师叔似笑非笑地问释行。

释行摸着脑袋，思考了一会儿后，改变了主意，他将目标换成了戒严师叔。原本抱着看热闹心态的戒严师叔，没想到自己居然会被最小的徒弟挑衅，所以想都不想就接下了释行的挑战。

释行原本以为自己从未见过戒严师叔练功夫，所以肯定不是自己的对手，结果几招过后，释行就发现戒严师叔是"深藏不露"，自己被打得节节败退，眼看就要输了，他忽然转身跑远了。戒严师叔哪里肯轻易就放过他，于是连忙跟在释行后面追起来。

释行虽然个子小，身体却灵活，一会儿躲一会儿钻，戒严师叔竟无法成功逮到他。跑了一会儿，戒严师叔有些累了，就在喘气的工夫，释行瞅准了机会，趁戒严师叔不备给了戒严师叔一棍子，然后再次跑远，戒严师叔再次追击，结果又在自己追累时，被释行偷袭。

就这样，原本的棍法比拼变成了"猫捉老鼠"的大战，逗得每个人都笑得坐在地上直不起腰来。最终，以戒严师叔跑不动宣告这场比赛结束。释行兴奋地举着棍子在院子里跑了一大圈。戒严师叔看在眼里，无奈地摇了摇头。这时，师父出现了，拍着师叔的肩膀说："师弟，服输吧，老了就是老了呀。"只是，释然觉得戒严师叔似乎不愿意接受这个事实，因为戒严师叔的眼睛中明明写着"不甘"二字。

第一次做商人

"人生价值"这个词语，在此之前释然从来没有考虑过。从他被师父领进寺院那天起，他的人生就是参禅、打坐，至于价值，释然似乎从来没有考虑过。直到那天，释然听到一个香客与师父谈论起价值问题，释然才开始忍不住反观自己，思考起自己的人生价值来。

释然记得那人说："人就是要为实现自己的人生价值去奋斗。"那自己每天努力做好参禅、诵经、泡茶待客等事情后，又能实现什么价值呢？一时间，释然陷入迷茫之中。就这样过了几日，释然几乎被这个问题折磨得夜不能寐，最终决定从师父那里找寻问题的答案。

"师父，您能告诉我做僧人的人生价值在哪里吗？"释然一脸期待地问师父。听到释然这个问题后，师父笑着摸摸胡须，对着一旁的戒严师叔说："释然长大了，开始思考大人的问题了。"戒严师叔也随声附和着点点头，然后对释然说："释然，既然你意识不到做僧人的人生价值，那你就去试试做商人吧！"说完，戒严师叔从柴房中找到了一根七扭八歪的树根扔给释然，然后不管释然惊愕的神情，说道："释然，你拿着这块木头到镇上的菜市场上估估价格吧，了解一下行情，先不要卖掉。"

卖木头能够找到自己的人生价值吗？释然忍不住想，但是为了找到自己想要的答案，释然还是听话地背起木头，向镇上走去。

小镇上的很多人都认识释然，看着释然背着一根木头站在菜市场的门口，都忍不住上前询问，当得知释然是来卖木头后，都摇摇头离开了。理由很简单，一根既不直又没有任何美感的木头在大家眼里不值一文。释然在菜市场门口站了一上午，冻得小脸通红，双脚在单薄的僧鞋中已经感觉不到任何温度。终于，一直站在释然身边的小贩动了恻隐之心，表示愿意给释然五毛钱买走这块木头，拿回去烧火用。

终于有人出价钱了，释然连忙把木头带回龙泉寺，将这个消息告诉了戒严师叔，甚至走在路上时，释然还算了一下，如果把柴房里的木头都卖掉，可以挣多少钱。然而，戒严师叔并没有因为释然成功将木头兜售出去而表扬他，而是让他拿着这块木头再到镇上的古玩市场转一圈，同样是询问下价钱，不能真的卖掉。

释然不知道戒严师叔葫芦里卖的什么药，这样一个破木头，有人愿意出五毛钱就不错了。但是释然还是按照戒严师叔的指示去做了。结果出乎释然的预料，在菜市场站了一上午都无人问津的木头一到古玩市场竟然成了抢手货，前后有不少人出价钱，甚至有人愿意出一千元钱买走释然的木头，释然很是不解，追问半天后，那人才神神秘秘地告诉释然，这根木头回去打磨一下，能够成为上等成色的佛珠，很多有钱人都喜欢收藏，所以才出价如此之高。听到对方的话，释然连忙握紧了手中的木头，生怕被人抢走了。

回到寺院中，释然把自己在古玩市场的经历讲给了戒严师叔听，并不解地问："为什么同样一根木头，有的人认为它毫无用途，用它来烧火，有的人却认为它价值不菲，用它打磨佛珠呢？"戒严师叔听了后，哈哈大笑，问释然道："那你看看你手中的木头，它可有变化？"

释然低下头看看手中的木头，并确认自己一直拿着它，没有被人偷偷换掉后，回答说："没有。"

"木头本身并没有变化，变化的是人的眼光。你用什么样的眼光去看待它，它就具有什么样的价值。你用卖菜小贩的眼光去看待它，它就是一块烧火的木头，你用古玩商人的眼光去看待它，它就是一串昂贵的佛珠，你的眼光不同，看到的价值也不同啊。"戒严师叔收起了笑容，一本正经地对释然说道。

听了戒严师叔的话，释然仿佛想明白了，自己追问师父僧人的人生价值，其实不在于师父的答案是什么，或者说这个问题根本没有答案，真正的答案在自己眼里，自己用什么样的眼光看待自己，自己的人生价值就在哪里。

晚上躺在床上，释然终于睡了一个安稳觉，虽然自己这一天来来回回走了不少路，但是他觉得自己这一次做"商人"做得十分有价值。

五碗粥

今天是腊八节，老百姓们在这一天都会煮上一碗腊八粥。腊八粥用黄米、白米、江米、小米、菱角米、栗子、红豇豆、去皮枣泥等食物熬制而成，用以庆祝这一年的丰收。虽然僧人们并不以种地为生，与丰收并无太大关系，但是在这一天也不闲着。

虽然已是寒冬腊月，龙泉寺里的僧人们还是早早就坐在佛堂里开始上早课了。上完早课他们有一项重要的事，那就是煮粥。煮粥的材料是戒严师叔提前几天就已经备好的，与普通百姓家中的不尽相同，戒严师叔用的食材是白米、小米、红豆、芸豆、栗子、红枣、花生还有葡萄干做成的，有几样还是释然下山化缘时化来的食物。看着食材一样一样被放进锅里，释行在旁边高兴地手舞足蹈，仿佛下一秒热腾腾的腊八粥就能吃到嘴里了。释然依稀记得去年喝腊八粥的情形，因为来的香客众多，最后已经没剩多少粥供大家食用了，分到大家手里时，每人只剩一小碗了，释行率先将自己的粥喝完，最后望着释然的那碗流口水，最后释然只好把自己那多半碗也让给了释行。

想到这里，释然忍不住笑了起来，自己这个小师弟，不知道今年是不是还是一样的贪吃。天色已经大亮时，粥煮好了，师父从锅里小心翼翼地盛出一碗，然后恭恭敬敬地端进佛堂中放在菩萨的面前。大家集体拜过菩萨后，就开始接待香客了。

今年谁会第一个来呢？释然在心里忍不住猜测。来者是一个释然怎么也想不到的人，那就是之前被陈大妹子送上山来的顽劣少年。看少年的样子，显然已经来了一会儿了，因为长时间站在外面，他的鼻头被冻得通红，不住地抽着鼻涕。

"咦，怎么就你一个人来了？你的母亲呢？"释然看了看少年的身后，不解地问道。

"我……她在家里。"少年面对释然的提问，支支吾吾地回答着。

既然来了，就没有拒之门外的道理，释然连忙将少年迎进龙泉寺内。少年恭敬地在菩萨前拜了三拜后，接过了释恩师兄端来的一碗腊八粥，几乎是一饮而尽，喝完粥后，少年还用舌头舔了舔碗，那样子就像是去年的释行，让释然忍不住想发笑。

但是在还碗的时候，少年犹豫了，似乎不舍得将手中的碗还给大师兄，大师兄本就对这个少年没有什么好印象，现在他又拿着碗不肯还，大师兄自然不太高兴，正准备伸手将碗夺过来之际，师父开口了："释恩，再去盛一碗来。"

"师父……"大师本想说，按照规矩每位香客只有一碗粥。但是师父却打断了他的话。

"去！"语气不容置疑。

释恩师兄只好悻悻地拿着碗向斋堂走去。过了一会儿，一碗热气腾腾的粥就端进来了。少年再一次囫囵吞下，那样子仿佛很久没有吃过饭一样。

"释恩，再去盛一碗来。"师父再次吩咐道。

大师兄一听，表情有些着急，那些粥不但要给来往的香客喝，还有寺里的僧人们，少年一人就喝了三碗，其他人不够了怎么办？但是大师兄也知道师父的命令不得违背，只好再去斋堂盛了一碗过来。就这样，少年一下子喝了五碗粥，总算打着饱嗝满足了。

就在大家以为少年总算该离开了时，少年却一下子跪在师父面前，请求师父收他为徒。上一次是他母亲跪着求师父收留他，他却极不情愿，没想到这一次自己跑上山来要求出家。难道是他想通了吗？说不定是自己那番话令他有了悔改之心呢，释然有些骄傲地想。

"小施主，上一次你的母亲求贫僧收留你，你极不情愿，这一次为何主动要贫僧收你为徒呢？"师父问出了大家内心的疑问。

"因为……因为我与母亲吵架了，她太不理解我了。所以我才离家出走，我在外面流浪了两天，因为没有钱，所有没吃一点东西。后来我想到了这里，我觉得你们应该会收留我。"说到这里，少年看了看释然，然后接着说："所以我就上山来了，你们不但不计前嫌，还让我吃饱了饭，我很感激，因此想求师父收我为徒。"

"哦，是因为五碗粥呀。"师父捻着胡须说道。"那我且问你，你长这么大，你的母亲给了你几碗粥？"师父问道。

"这……"少年一时不知道该如何回答了，"我也数不清。"

"你母亲将你抚养这么大，从十月怀胎就开始喂养你，而你只因为一次争吵就离开她。我才给了你五碗粥，你就为此跪下谢我。你可曾跪过你的母亲呢？"师父的声音开始严肃起来。

"我……"少年低下了头，眼角里的泪水一滴一滴地掉在地上。过了一会儿，少年抬起头，用衣袖抹了抹脸，说："谢谢您，师父。"然后转过身，对释然说："谢谢你。"

这一次，释然知道，这句"谢谢你"一定是对自己说的。

释行换名字

少年当天就离开了龙泉寺，因为他足足喝了五碗粥，最后龙泉寺的僧人每人只分到了一小口，看着大家意犹未尽的样子，戒严师叔拿着饭勺对大家说："明年一定再多煮一点。"这句话多少让劳累了一天却没吃多少东西的僧人们心里有点安慰。

一晃又很多天过去了，眼看着就到年底了。一想到马上就要过春节了，释然就有些莫名的期待，今年会有什么不同呢？只是释然不敢将这种情绪表现出来，生怕被师父看出端倪。但是释行就不管那么多了，几乎每天早上睁开眼睛第一件事情，就是盘算着今年的春节怎么过，几乎每天都会问戒严师叔一遍："师叔，过年我们吃什么馅的饺子？"

开始时，戒严师叔还会很耐心地回答释行说："白菜馅的。"有时候也会回答说："萝卜馅的。"但是次数多了，戒严师叔也不耐烦了，指着释行的小鼻子说："我看你呀，别叫'释行'了，叫'嗜吃'好了。"

　　"释吃？"释行扬着头，翻着眼睛，想了一下说："换个名字也不错。我一直都觉得'释行'这个法号跟我不符。"

　　此言一出，逗乐了在座的所有人，可是释行对这个名字的喜爱并没有维持几天，原因在于释果师兄曾取笑他，说这个名字一听就是一只小馋猫，释行虽然承认自己是个小馋猫，但也不想背负着这个名字一辈子。于是释行又动了改名字的心思，只是他冥思苦想了两天，也没有想出一个适合自己的名字。

　　释行最先求教的人是师父，但是"释行"这个名字就是师父给起的，释行如今要换，就说明不喜欢师父给他起的名字。因此让师父帮自己换个名字的计划失败了。接下来释行找了戒缘师叔、释恩师兄、释果师兄，然而每个人不是拿这件事与释行打趣，就是起的名字不合释行的心意。

　　最后，释行问到了释然头上。"释行，我觉得你应该多问问其他人的名字，然后从其他人的名字中找给自己起名字的灵感。"释然想了许久也不知道给释行改个什么名字好，于是建议释行问问香客。

　　"这倒是个好主意，那么多人，总能帮我想到一个好名字。"释行高兴地说。他问的第一个人就是刘大娘，刘大娘名叫"刘念"，可是她现在孑身一人，根本没有什么好留念的。

　　释行问的第二个人是一个带着眼镜的脸上长满癫疮的人，那个人名叫"英俊"，"名叫'英俊'，人长得可真不怎么英俊。"待那人走后，释行无奈地感叹道。

　　第三人是来龙泉寺求财的人，此人现在穷困潦倒，负债累累，可他的名字叫"满财"。"叫满财，却是个穷光蛋，还不如叫'王二'

呢！"释行对通过大家名字找寻给自己换名字的灵感这件事情越来越没有信心了。

而彻底让他放弃此想法的，是那个叫"博士"的人，那人名叫"博士"，但是大字不识一个。"你名叫博士，怎么能一个字也不认识呢？"释行忍不住好奇地问。

"叫博士就一定得认字吗？我小名叫狗子，难不成我还得变成一只狗吗？"那人说完，哈哈大笑起来，笑得释行的小脸一阵红一阵白。

"师父，我还是叫回原来的名字吧。"在思考了良久后，释行主动对师父说道。

"怎么，没有找到更适合你的名字吗？"师父闭着眼睛问道。

"不是没有找到，而是徒儿不想再找了。因为徒儿发现，名字只不过是一个代号而已，代表不了什么。所以徒儿认为叫'释行'就很好。"释行像个大人般将这段话说出，再一次让在座的人惊讶得张大了嘴巴。

"哈哈……我的小徒儿也开始开悟了。"师父睁开假寐的双眼，又继续对释行说道："去吧，为师的屋子里还给你留着饼干，这些日子你总想着换名字的事情，那些饼干可是等你很久了呢！"

寻人启事

戒严师叔每次下山采购回来，都会将在山下看到的新鲜事讲给大家，这一次也不例外。一回来大家伙就将戒严师叔团团围住，一来是看看戒严师叔采购了哪些吃食回来，二来看看又有什么有趣的故事。

戒严师叔看到释行后，笑嘻嘻地将释行拉到身边，仔细地端详了一番说："像！真像！不过释行还要胖一些。"

一心想着师叔买了什么好吃的的释行，被师叔的举动弄的莫名其妙："师叔，你说我像什么呀？"释行问。

"我今天去买菜的时候，在小镇上看到了一张寻人启事，那上面的人啊，长得跟释行小时候太像了。如果不是我知道释行的来历，还真以为释行就是寻人启事上找的那个孩子呢！"戒严师叔解释道。

"啊！"戒严师叔的话令大家吃了一惊，他们吃惊于世界上竟然有如此相像的人，也吃惊于小镇上居然会出现人口丢失这样的事情。接下来的几天里，释行都被这个"寻人启事"事件搅得心神不宁，想找机会下山亲自看一看。然而，不等释行亲自去看，就有人主动找上门来了。

来者是一个看起来三四十岁的男子，头发蓬乱，胡子拉碴，一副风尘仆仆的样子。见到龙泉寺的僧人后，先是环视了一圈，然后将目光锁定在释然和释行的身上，来回打量了一会儿后，便一个箭步冲到释行面前，紧紧抱住他不撒手，嘴里念着："儿子儿子，爸爸可算找到你了。"

男子的举动将释行吓坏了，释行虽然从小在龙泉寺长大，但是他知道自己是有父母的，而且距离龙泉寺并不遥远，父母也知道自己在龙泉寺修行，所以眼前的这个男子肯定不会是自己的父亲。释行努力想要挣脱这个男子的怀抱，却不料男子抱得更紧。

释然见释行马上要急哭了，连忙走过来对男子说："这位施主，先将我的师弟放开可好，有什么话咱们慢慢说。"

男子似乎也意识到了自己的行为太过唐突，于是放开释行，但是眼睛依旧停留在释行身上，说："孩子，你叫什么名字？你还记得我吗？"

"我……我叫释行。我……不认识你。"释行结结巴巴地说道。

"你丢失的那年才三岁，不记得我也是正常。"男子说着，眼睛里流露出一丝失望。

"施主，我不明白你在说什么，我从来没有丢过呀？"释行眨巴着眼睛说。

男子见释行不相信自己的说的话，连忙从包里取出一沓纸，纸上赫然印着"寻人启事"几个大字，大字下面印着一张小孩儿的照片，从眉眼看来，还真跟释行有几分相似。看来这就是戒严师叔看到的那张寻人启事了。

释行拿过寻人启事看了又看，他一会儿觉得很像自己，一会儿又觉得不像自己，总之他也不知道自己是不是寻人启事中的人。就在释行开始怀疑自己的身世时，师父打着佛号出现了。

"施主，释行是贫僧的小徒弟，贫僧看着他出生，所以可以断定不是你要寻找的人。"师父对男子说道。

听了师父的话，男子身子一震，"不可能！"男子大叫道，他再一次拉过释行，扒开了释行僧衣的后领子，在释行的肩膀处寻找着什么。最后，男子原本看着释行的那双充满希望的眼睛渐渐暗淡下来。

"真的不是。"男子喃喃自语道，"我已经找了十五年了，原本以为这是最后一次了。"

十五年？是一个什么概念？十五年前的释然还是不谙世事的孩子。十五年前的释行才刚刚出生，所以从年龄上看，释行也不会是这个男子丢失的孩子。再一次期望落空后，男子一屁股坐在地上，嘴巴张着，眼泪就那样无声无息地落了下来。这样的情形，他已经经历过无数遍了吧，每一次都是满含希望而去，承载着无法接受的失望而归。就在释然思量着要不要走上前去安慰一下时，男子面向师父，问道："为什么是我？为什么我的孩子会丢？"他的声音有些歇斯底里，释然相信这个问题他一定想了无数遍，也曾问过无数遍，只是谁也给不了他答案。

"施主，当你的孩子降临时，是你们之间的缘聚；当你的孩子离开时，是缘散。他离开了，不寻找他，是缘起；如果你不找他，就是缘灭；如果找到了，是缘起；找不到，则是缘尽。人的一生见过的人，经历过的事情，都是各有其缘。贫僧相信，多行善业聚缘，则他日自会相见。"师父说完，又念了一句"阿弥陀佛"。

"师兄，师父的意思是那个男孩儿还会与自己的父母相见吗？"释行流着眼泪问释然道。

这个问题释然也不知道，男子的遭遇让他的心里就像被什么堵住了一样，压得透不过气来。不知道自己的父母在哪里，当初自己又是怎么与他们分离的，他们是不是也在世界的某一个角落这样寻找着自己。他真心希望这个男子能够找到他的孩子，就好像如果他们团聚了，自己有朝一日也能够见到父母一样。

过客

男子寻亲的事情接连几天都让龙泉寺笼罩在一片悲伤的气氛下，释然时不时地回想起这个男子，猜测他有没有找到自己的孩子。甚至想，如果那是自己的父亲，千山万水地来找自己，自己会怎么做呢？是继续留在龙泉寺，还是选择换一种生活，跟着自己的亲人离开呢？

当冒出这个念头时，释然被自己吓了一跳。如果说之前的自己还没有想过这个问题，那么现在他开始认真考虑起这个问题来了。这近一年多的时间里，戒缘师叔的到来、寻子的男子以及龙泉寺的那些来客，都让释然真真切切地感受到了，在龙泉寺以外还有更加广阔的天地，要说不想去看看，那是不可能的。师父年轻的时候也曾经游历四方，然后在这里建立了自己的寺院，自己为什么不能出去走走呢？在寺院里每日吃斋念佛是一种修行，那么走在路上同样也是修行啊。

可是，真的要离开自己从小长大的龙泉寺，离开与自己朝夕相处的师兄弟吗？释然又开始犹豫了。是走是留？就在释然左右摇摆之际，戒缘师叔告诉大家，这个年过了以后，他就要离开了。这个消息令本来就有些悲伤的氛围，更加悲伤了。大家纷纷表示，舍不得戒缘师叔离开，面对大家的挽留，戒缘师叔很感动，但释然知道，对于戒缘师叔而言，龙泉寺不过是暂时停留的地方，大家都是彼此的过客而已。他终究还是会离开，去更多的地方。但是仔细一想，在生命的长河中，谁又不是过客呢？

这样想着，释然忽然不那么难过了。

"师父，徒儿想念您屋里的香茶了。"释然找了一个合适的机会，对师父说道。

"我的香茶也很想念你呀。"师父抬头看到站在门外的释然，招手让他走进了自己的禅房。

在昏黄的灯光下，茶壶里冒出的热气氤氲了整个房间，释然的视线有些模糊了，他突然之间不知道该怎么开口对师父提起自己想要与戒缘师叔一起离开的事情，尽管那些话他已经在肚子里打了无数遍的草稿，但是真正面对师父时，他却说不出口，不是因为别的，而是因为不舍，他怕自己一开口就会哭出来。

"你想与为师说什么事，说吧。"见释然手里握着茶杯，一副欲言又止的样子，师父主动打破了僵局。

既然师父已经看出来自己有话要说，那么不说也得说了。"师父，我……我想跟着戒缘师叔去云游，在路上修行佛法。"释然低着头一股气说完，然后等着师父的回应，然而等了一会儿师父也没有说话，释然鼓起勇气抬起头，看向师父。

师父正在喝茶，但是茶杯放到嘴边，却迟迟没有喝下去。难道师父生气了？释然不禁想到，于是连忙解释："如果师父不同意，徒儿定当不会离开龙泉寺。"

听到释然这句话，师父将手中的茶杯放在了桌子上，眼神慈祥地，面露微笑地看着释然说："为师怎么会不同意呢？为师只是在担心，毕竟你才刚刚举行过成人礼，又从来没有出过远门，为师怕……"说到这里，师父停顿了一下，又继续说："不过有戒缘师弟与你同行，你们一路有个照应，为师的担心倒是有些多余了。"说罢，师父轻轻地摇了摇头。

"谢谢师父了解徒儿的心思。只是……徒儿想到要离开大家，心里还是有些难过。"释然将自己内心的顾虑全盘托出。

"万物皆有情，更何况我们是人。只是，人生匆匆，我们不过都是彼此的过客而已。相遇就会有分离，分离也是为了再次遇见。去吧，去吧。"师父说完，闭上双眼，敲起了木鱼。

漫漫长夜，木鱼声不断地从师父的禅房里传出。接下来，释然该考虑怎样将这个消息告诉给自己师兄弟们了，尤其是释行，他可千万不要哭鼻子才好，释然在心里默默地想着。

这一夜，释然失眠了，他恍惚间看到小界一直坐卧在他的禅房外，就如一尊雕像般一动不动地保持着望月的姿势，仿佛在向远方的朋友道别。

华商心灵励志新书推荐

《少有人走的路：释然的修行》32.00元

《人生太短，不要明白太晚》29.80元

《成功就在你心中》 36.80元

《八个女人闯南极》 45.00元

《你若幸福，春暖花开》35.00元

《还你一颗清宁的心》39.80元

华商心灵励志新书推荐

《你若不伤，岁月无恙》 45.00元

《拥抱不完美的自己》 32.00元

《努力到感动自己，全世界为你让路》 38.00元

《我是罗大锤》 49.00元

《让未来的你，喜欢现在拼命的自己》 35.00元

《深呼吸》 39.80元

华商亲子教育新书推荐

《童年的秘密》 32.00元

《八零爸爸》 38.00元

《好妈妈要有爱的好方法》 35.00元

《教子博弈论》 35.00元

《守望孩子，静待花开》 35.00元

《懂礼仪的孩子，走到哪里都受欢迎》 35.00元